STATISTIQUE

DU

CANTON DE RECEY-SUR-OURCE

4e PARTIE

HORTICULTURE

DIJON

IMPRIMERIE EUGÈNE JOBARD

1877

HORTICULTURE

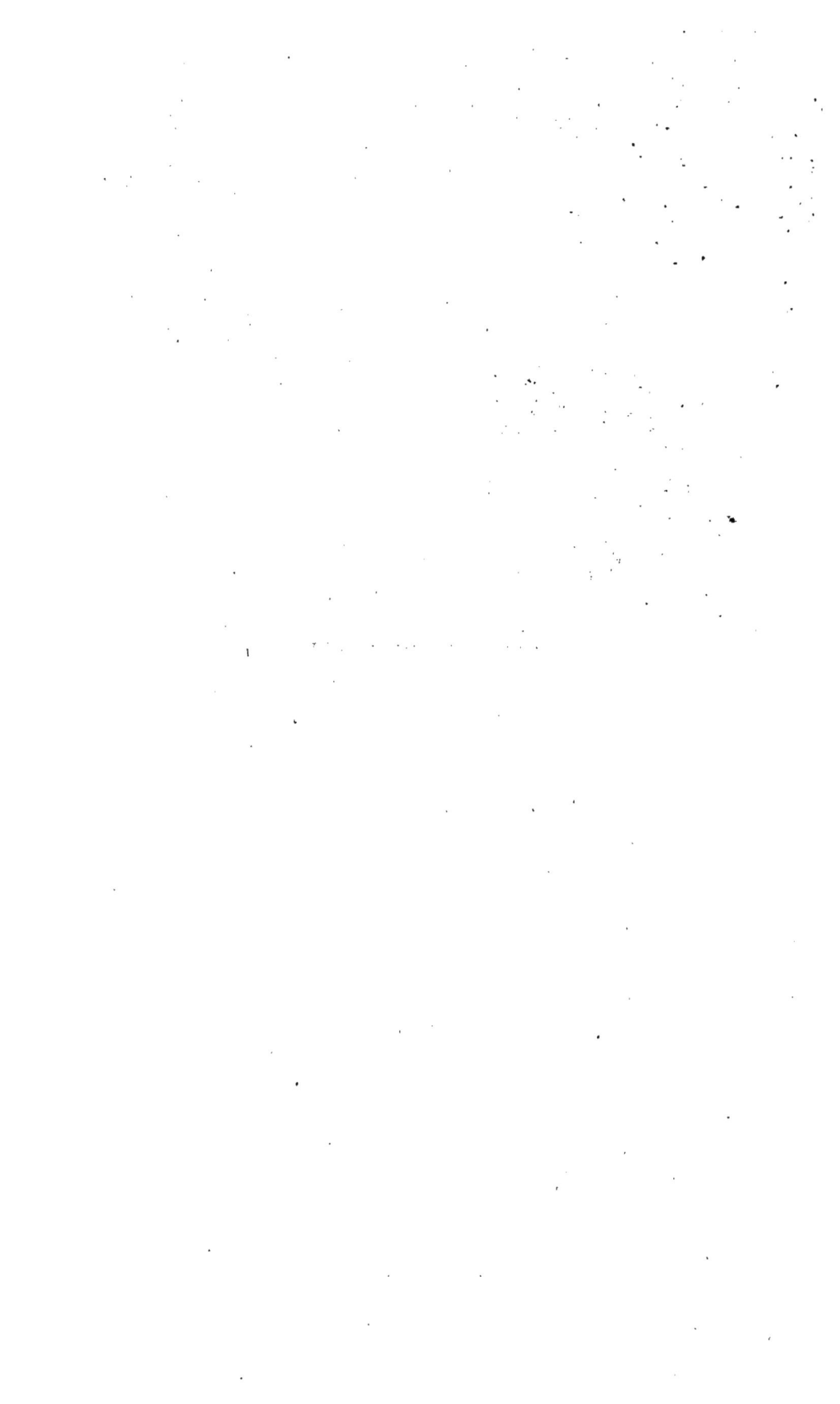

STATISTIQUE

DU

CANTON DE RECEY-SUR-OURCE

4e PARTIE

HORTICULTURE

DIJON

IMPRIMERIE EUGÈNE JOBARD

—

1877

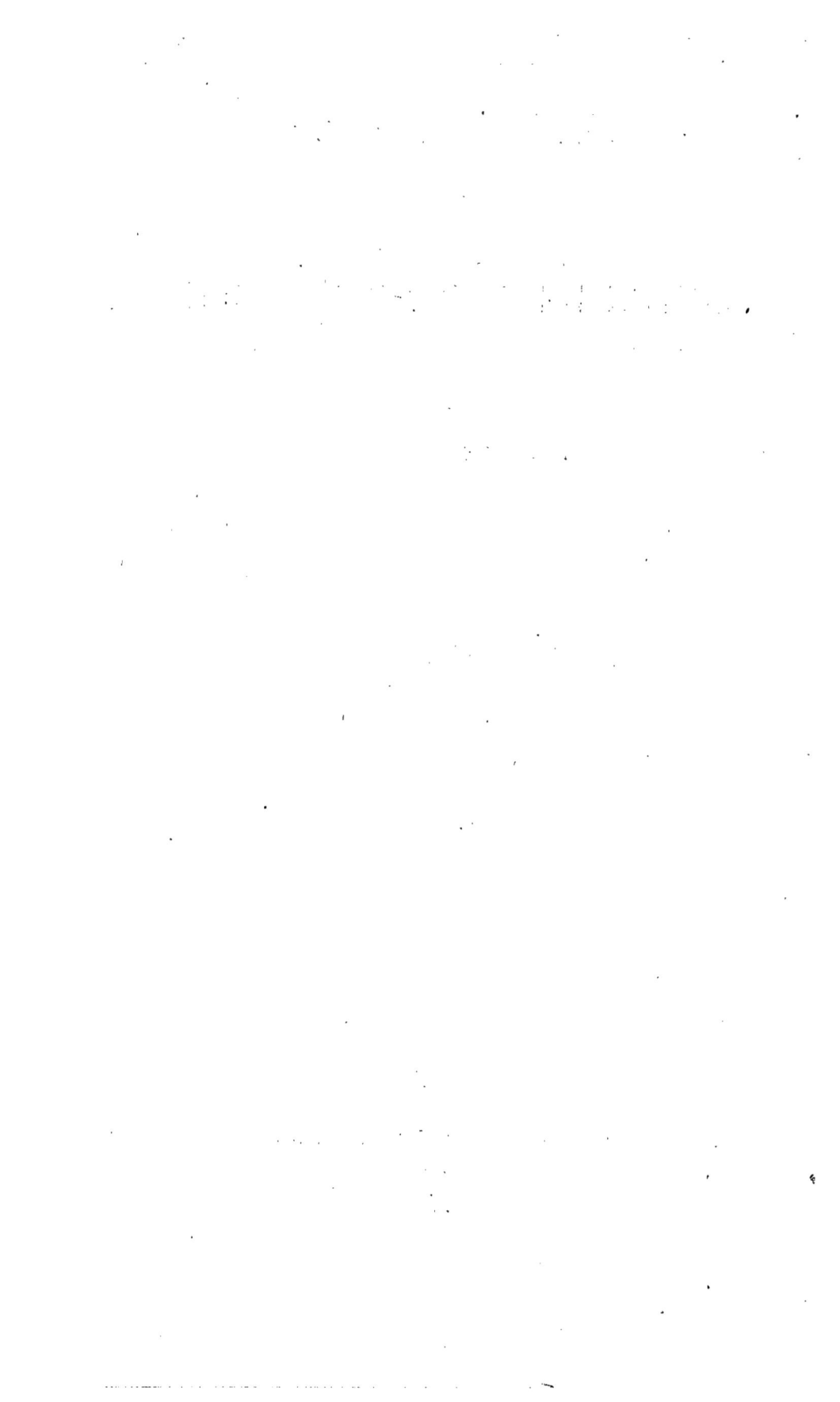

AVANT-PROPOS.

———

L'idée première de ce petit livre m'est venue lorsque j'ai été chargé de faire la visite des jardins des instituteurs du canton, auxquels le Conseil général avait fait distribuer des graines potagères.

J'avais, à ce moment, recueilli près de MM. les Maires et de MM. les Instituteurs un grand nombre de renseignements. Je les prie d'en recevoir mes très sincères remerciements.

Je voulais d'abord faire une sorte d'Annuaire du canton et y joindre quelques notions d'agriculture, en imitant le Catéchisme agricole qui a été publié dans le département de la Haute-Marne. Mais l'Annuaire ni le Catéchisme agricole ne me satisfaisaient.

Après y avoir bien réfléchi, j'ai pensé que le mieux était de faire une espèce de Géographie du canton d'abord, de chaque commune ensuite, afin que dans nos écoles les enfants puissent apprendre d'abord la géographie de leur pays, ce qui leur permettra de comprendre et d'apprendre plus facilement la géographie du département, celle de la France, puis celle de l'Europe et enfin celle du monde entier, s'ils en ont le temps.

En leur faisant exécuter d'abord une carte de leur commune, puis une carte du canton, ils en arriveront bien vite à dresser une carte du département, une carte de France, et puis de l'Europe et de toutes les parties du monde.

J'ai dû compléter la géographie par des notions de géologie, d'hydrologie, d'histoire naturelle, de botanique et de sylviculture, puis j'y ai ajouté un petit traité d'agriculture et d'horticulture. De toutes ces choses, je n'ai voulu parler que de ce qui concerne le canton.

Je souhaite que mon petit livre puisse être utile aux habitants du canton de Recey, et je serai heureux surtout si j'ai pu contribuer à exciter les enfants de nos écoles à apprendre ce qui concerne leur pays. C'est, en effet, cette étude des lieux qu'ils connaissent qui leur donnera l'idée d'apprendre ce qui concerne les pays voisins et puis ceux qui sont plus éloignés.

Si notre canton avait une histoire, j'aurais cherché à en donner un petit abrégé ; mais malgré toutes mes recherches, je n'ai rien trouvé qui valût la peine d'être inséré ici.

J'ai dû me contenter d'indiquer à chaque commune le peu de renseignements que j'avais pu recueillir.

La *Description du duché de Bourgogne*, par Courtépée, rééditée il y a vingt-sept ou vingt-huit ans, m'a fourni quelques renseignements dont j'ai fait mon profit, autant que je l'ai pu.

La première partie comprendra :

La géographie du canton,
La géologie,
L'hydrologie,
L'histoire naturelle.

La seconde partie comprendra la géographie de chaque commune.

La troisième partie comprendra des notes et observations sur l'agriculture.

La quatrième comprendra des notes et observations sur l'horticulture.

La cinquième donnera la situation financière de chaque commune, les propriétés, les revenus ordinaires et extraordinaires, ainsi que les dépenses ordinaires et extraordinaires, le revenu cadastral, les impôts directs et indirects.

Louis BORDET,

Conseiller général du canton de Recey-sur-Ource.

STATISTIQUE

DU

CANTON DE RECEY - SUR - OURCE

4ᵉ PARTIE

HORTICULTURE

> Le jardin rapporte tous les jours
> et à toute heure.
>
> (OLIVIER DE SERRE.)

Ce principe du maître de l'agriculture française devrait être toujours présent à l'idée de tous, car rien n'est plus juste ; à tout instant vous prenez dans votre jardin et vous ne faites pas le compte de ce qu'il vous rapporte. Si vous inscriviez tous les jours, sur un petit cahier, la valeur de ce que vous y prenez, vous seriez bien étonnés du gros total que vous trouveriez à la fin de l'année. Je voudrais voir recueillir ces notes par quelques-uns d'entre vous, je les publierais, afin de bien faire voir à tous combien il importe, pour le bien-être du ménage, d'avoir un jardin, assez grand, de le bien fumer, de le bien cultiver, de l'ensemencer de bons légumes et de ne pas lui marchander en été soit les soins, soit les arrosages.

Les jardins, dans notre canton, n'ont pas assez d'étendue

1*

(il n'y a que 80 hectares en jardin pour une population
de 5,696 individus répartis en 2,066 ménages); c'est
1 are 42 centiares par personne ou moins de 4 ares par
ménage. (Des renseignements statistiques qui m'ont été
fournis pour la Chambre consultative d'agriculture, par
MM. les maires et les instituteurs du canton, avec un
zèle et une exactitude pour lesquels je leur offre mes
sincères remercîments, il résulte qu'en dehors des jardins,
il y avait, en 1873, 40 hectares de terres labourables
consacrés à la culture potagère, et que ces 40 hectares
avaient donné des produits (en choux et haricots) pour
13,000 fr. nets, c'est-à-dire pour 325 fr. par hectare.
Cela ne vaut-il pas mieux qu'une mauvaise récolte de
céréales?) Ces 4 ares de jardin, tout mal soignés qu'ils
sont, rapportent cependant des légumes pour plus de
50 fr. par an, c'est-à-dire plus de 1,250 fr. par hectare.
Combien avez-vous de champs qui vous rapportent, non
pas la moitié, non pas le quart, mais seulement le
huitième ou le dixième, et cependant vous aimez mieux,
vous soignez mieux un mauvais champ souvent bien
éloigné, où vous conduisez du fumier, dont le transport
seul vous coûte souvent plus que la valeur de la récolte,
plutôt que de consacrer un ou deux tombereaux de fumier
à un jardin qui, tous les jours, à tous les instants, vous
produit quelque chose.

Vous ne connaissez, nous ne connaissons tous pas
assez la valeur d'un jardin, et c'est pour cela que
je voudrais tant voir les instituteurs donner à leurs
jeunes élèves des leçons de jardinage, qu'ils n'oublieraient
jamais, et dont ils sauraient bien tirer parti, lorsque leurs
forces le leur permettraient.

En 1872, je présidais un concours d'horticulture entre les instituteurs du canton de Recey, et voici ce que je leur disais :

« Il faut de toute nécessité que les instituteurs donnent
» à l'avenir des leçons de jardinage, horticulture, arbori-
» culture et même floriculture. Il faut que l'enfant
» apprenne combien de ressources on trouve dans un
» jardin potager, sur des arbres fruitiers. Il faut qu'il
» apprenne la somme représentée chaque jour par les
» produits du jardin, même le plus pauvre. C'est un
» moyen de s'occuper dans le jeune âge, de se moraliser
» dans l'âge mûr.

» Mais pour que l'instituteur puisse utilement donner
» des leçons de jardinage, il lui faut un terrain assez
» grand :

» 1º Il faut une pépinière d'arbres fruitiers d'au moins
» 8 ares, qui servirait à tout le village et dont les sujets
» seraient donnés aux enfants qui les auraient soignés.

» 2º Il faut pouvoir consacrer au moins 2 ares à toutes
» les plantes médicinales usuelles pour les hommes et
» les animaux, dont on a souvent besoin à la campagne.

» 3º Il faut un verger d'au moins 10 ares dans lequel
» les enfants apprendront les soins à donner aux diffé-
» rents arbres fruitiers lorsqu'on les extrait de la pépi-
» nière pour les planter à demeure. (Il serait utile
» d'installer dans le verger un rucher, afin d'apprendre
» aux enfants les soins à donner aux abeilles et les
» profits qu'on peut en retirer.)

» 4º Il faut un potager d'au moins 5 ares partagés
» entre les élèves qui seraient tenus de le cultiver et de

» l'entretenir et qui profiteraient eux-mêmes de ses
» produits.

» 5° Il faut pour le ménage de l'instituteur un potager
» d'au moins 8 ou 10 ares où il puisse donner des leçons
» de bêchage, de semailles et d'entretien.

» 6° Il faudrait enfin au moins un are consacré à la
» culture des fleurs ; car la présence des fleurs autour
» d'une maison, sur la fenêtre d'un pauvre journalier,
» est toujours un indice d'ordre et de propreté : vous
» savez bien que l'ordre et la propreté font la prospérité
» des ménages, même les plus pauvres.

» Je suis convaincu, d'après ce que j'ai vu dans ma
» tournée dans le canton, que l'on obtiendrait facilement
» de toutes nos communes les terrains nécessaires aux
» créations que je viens d'énumérer. Plusieurs com-
» munes ont des pâtis communaux et même d'autres
» propriétés rurales sur lesquelles elles peuvent prendre
» facilement 35 ou 40 ares. Celles qui n'ont point de
» terrains ont heureusement des ressources pour en
» acheter.

» Tous les instituteurs sont disposés, comme je l'ai
» dit au commencement, à donner des leçons de jardinage ;
» ils en sentent le besoin pour leurs élèves et pour
» eux-mêmes.

» En vous faisant une distribution de graines potagères
» cette année, en votant des nouveaux fonds pour 1873,
» le Conseil général de la Côte-d'Or a voulu vous indiquer,
» Messieurs, quel intérêt il portait à l'enseignement
» pratique de l'horticulture par les instituteurs pri-
» maires.

» C'est qu'en effet, Messieurs, c'est le meilleur moyen

» d'arriver un jour à l'enseignement des choses utiles à
» l'agriculture. Je dis un jour, Messieurs, parce qu'aujour-
» d'hui le moment n'est peut-être pas encore venu de
» donner des leçons d'agriculture dans les écoles primaires.
» Savez-vous pourquoi? C'est parce que le père laboureur
» pourrait dire à son enfant: « L'instituteur ne sait pas
» tenir les manches de la charrue ; il ne sait pas semer;
» il ne peut t'apprendre que ce qu'il aura vu dans les
» livres et moi je me méfie des livres, parce que très
» souvent ceux qui les font sont de beaux messieurs qui
» ne connaissent pas le premier mot de la culture et de
» ce qu'ils écrivent sur la culture. »

» Eh bien ! Messieurs, il faut reconnaître que le bon
» cultivateur aurait souvent raison.

» Mais un peu plus tard, lorsque vous aurez donné à
» son enfant d'utiles leçons de jardinage, dont il verra
» de suite les heureux résultats, lorsque ce bon père
» laboureur verra ses enfants lui apporter de beaux et de
» bons légumes, lorsqu'il verra son jardin bien ensemencé,
» lui fournissant souvent un mets nouveau dont il ne
» soupçonnait pas la valeur, lorsqu'il verra les murs de
» sa maison, de sa cour, de son jardin couverts de beaux
» espaliers et de beaux cordons de vigne, lorsqu'il pourra
» croquer à belles dents et avec un certain sentiment de
» satisfaction, de beaux et bons fruits, de beaux et bons
» raisins bien dorés, il se dira que l'instituteur, qui a
» appris dans les livres une grande partie de ce qu'il a
» montré à son fils pour le jardinage, pourrait bien y
» trouver aussi quelque chose de bon pour l'agriculture.
» Il ne sera plus tenté de tout critiquer dans les livres ;
» il y reconnaîtra quelque chose de bon et il accordera

» alors une certaine confiance aux leçons de l'instituteur
» sur l'agriculture.

» C'est ainsi, messieurs, qu'après avoir bien enseigné
» le jardinage à vos élèves, vous viendrez, d'ici à peu, leur
» donner de bonnes notions d'agriculture ; car vous
» trouverez souvent, quoi qu'on en dise, de bonnes choses
» dans les livres d'agriculture, des choses simplement
» dites par les praticiens qui ont su observer et qui ont
» voulu faire profiter les autres de leurs observations.

» Un jour vous apprendrez une chose, un autre jour,
» une autre chose.

» Un jour vous apprendrez à vos élèves comment,
» presque pour rien, avec un peu de sulfate de fer qui
» coûte si bon marché, on peut se débarrasser de la
» cuscute, cette vilaine plante parasite qui si souvent
» vient détruire nos trèfles et nos luzernes.

» Un autre jour vous leur enseignerez comment avec
» un engrais répandu comme du plâtre (le superphosphate
» de chaux), ce qui ne coûte que 60 fr. à l'hectare, 15 fr.
» au petit journal, entendez-le bien, on peut obtenir des
» mauvaises terres sablonneuses de nos montagnes de
» beaux seigles abondamment fournis de grains et de
» paille qui viendront augmenter la masse des bons
» fumiers de ferme dont on ne doit ni ne peut se passer.

» Une autre fois, vous leur apprendrez comment on
» peut, en semant, dans un tout petit coin de terre, du
» maïs géant, obtenir, dans les années les plus sèches,
» un fourrage vert, abondant et excellent pour le bétail,
» alors que trèfles, luzernes et sainfoins sont grillés par
» le soleil.

» Une autre fois encore, vous leur direz que, si dans

» notre canton on ne trouve pas assez de bonnes terres
» pour cultiver des betteraves en suffisante quantité pour
» alimenter une sucrerie, qui ferait la fortune de tous nos
» cultivateurs, on y trouve par compensation d'excellentes
» terres pour la pomme de terre.

» Vous leur direz comment, en choisissant de bonnes
» espèces, on se débarrasse de la maladie; comment, avec
» quelques engrais tirés par la science du sein des mers,
» en en extrayant le sel, on peut augmenter de beaucoup
» et à peu de frais la récolte des pommes de terre,
» d'après les expériences faites pas loin de nous, à
» Châtillon même, depuis plusieurs années. — Vous
» leur ferez comprendre encore comment, avec les
» pommes de terre bien cultivées, ils auraient, en dehors
» d'une saine nourriture, de quoi alimenter des féculeries
» qui, en répandant de l'argent dans les campagnes,
» utiliseraient les cours d'eau de bien des petites usines
» aujourd'hui inoccupées, et, en versant leurs résidus
» sur les prairies, viendraient en doubler ou tripler les
» produits.

» Il y aurait bien d'autres choses utiles à dire aux
» cultivateurs, mais ce serait trop long pour aujourd'hui.

» — Je veux me borner à vous répéter que l'enseigne-
» ment de l'horticulture est le premier enseignement
» de l'agriculture, et que c'est vers l'agriculture que
» doivent se diriger tous nos efforts; car c'est l'agri-
» culture, rappelez-vous-le, Messieurs, qui, par des
» produits abondants et variés, viendra le plus vite à
» bout de combler nos charges. Toutes les spéculations,
» toutes les industries offrent des déceptions, l'agri-
» culture seule nous donne des ressources plus ou moins

» abondantes, cela est vrai, mais aussi toujours cer-
» taines.

» Je lisais, il y a quelques jours, le compte rendu d'un
» concours agricole, j'ai trouvé dans ce compte rendu
» des choses si sensées, si éloquemment dites, que je l'ai
», mis de côté pour vous en donner connaissance.

ÉCOUTEZ CE PASSAGE, MESSIEURS, ET RÉFLÉCHISSEZ :
» *En parcourant la liste des lauréats, j'y ai lu avec*
» *une vive satisfaction, à côté des noms les plus considé-*
» *rables, celui de plusieurs instituteurs. Apprendre à*
» *l'enfance à aimer l'agriculture, en même temps que lui*
» *en dévoiler les secrets, c'est rendre au pays le plus utile*
» *de tous les services. L'agriculture n'a pas les dehors*
» *séduisants de l'industrie et du commerce, elle ne fait pas*
» *les fortunes rapides, mais elle a le mérite d'être une*
» *profession conservatrice qui maintient les patrimoines*
» *en même temps qu'elle aide à les accroître, qui fait*
» *vivre les familles en même temps qu'elle en assure*
» *l'avenir, qui conserve la santé du corps et des âmes;*
» *influences personnelles et gouvernementales doivent*
» *tendre au même but. Confondons nos efforts dans une*
» *même pensée, honorons, faisons progresser l'agriculture*
» *et tous nous aurons bien mérité de la France. Il est*
» *temps, Messieurs, de quitter les régions où l'on sème le*
» *vent et où l'on récolte des tempêtes ; bâtissons sur la*
» *terre ferme, attachons-nous au fonds qui manque le*
» *moins; plus nous développons au sein des populations*
» *l'amour du devoir, les sentiments des droits de chacun,*
» *la conscience des véritables intérêts, plus aussi nous pro-*
» *curons la liberté, la puissance et la prospérité de notre*
» *pays.* »

« C'est un digne prélat, qui occupe une des premières
» places dans l'épiscopat français, c'est Mgr Donnet,
» archevêque de Bordeaux, qui prononçait ces excellentes
» paroles au concours des Captieux, dans la Gironde,
» dans le courant du mois dernier (1872). »

Il est difficile, Messieurs, de dire de meilleures choses
aussi éloquemment et en aussi peu de mots.

L'espoir que j'avais eu de voir se fonder dans le canton
une petite société d'horticulture a dû être abandonné
momentanément par suite de certaines difficultés
d'exécution. Je dis momentanément, car je n'abandon-
nerai certainement pas ainsi une idée que je crois bonne
et utile pour mon pays.

En attendant que l'instruction horticole soit donnée à
l'école primaire comme préparation à l'enseignement
agricole, j'ai voulu pour ma part coopérer, autant qu'il
m'était possible de le faire, à la diffusion de bonnes
méthodes. C'est dans ce but que j'ai travaillé à ce petit
livre pour lequel je réclame l'indulgence, eu égard au
but que je poursuis. J'ai pris un peu partout ce que j'ai
trouvé de meilleur; j'y ai joint le résultat de mes
propres observations sur ce qui est praticable dans notre
pays.

Je traiterai cette question de jardinage aussi succinc-
tement, mais cependant aussi complétement que possible, parce que si les cultivateurs savent bien générale-
ment labourer, semer, herser leurs champs, il savent en
général très peu de choses pour la culture et l'ensemen-
cement du jardin.

Outillage.

Il ne faut pas beaucoup d'outils pour cultiver un jardin, mais il faut qu'ils soient bons et bien appropriés à l'usage que l'on doit en faire.

Il vous faut une bêche (prenez-la petite, 20 centimètres de largeur au-dessus et 17 au bas sur 25 de hauteur). Croyez-moi, j'en ai fait l'expérience, on travaille mieux avec ce petit outil, léger à la main, qu'avec les grandes bêches, dont le poids suffit à fatiguer celui qui s'en sert; une petite bêche bien faite pénètre plus à fond et plus facilement dans la terre; elle est plus appropriée au travail d'une femme ou d'un enfant. Donc, croyez-moi, choisissez une petite bêche de préférence à une grande (c'est un jardinier messin qui m'a démontré l'avantage des petites bêches), vous vous en trouverez mieux et votre jardin aussi (une petite bêche vaut 4 fr.).

Avec la bêche, ayez une pioche à deux fins, une partie plate d'un côté et de l'autre deux dents, qui servent à diviser la terre et à arracher le chiendent. Les vignerons du Châtillonnais s'en servent avec grand avantage; je la fais employer depuis deux ans pour cultiver de la vigne et du houblon; mes ouvriers la trouvent commode, facile à manier. On fait très bien les pioches à Chaumont-le-Bois, on les vend 5 fr. : c'est peut-être un peu cher; avec un bon modèle, tous les maréchaux, les taillandiers de Recey surtout, pourront vous en faire d'excellentes. Avec un bon outil, on fait plus de travail, on le fait mieux et on se fatigue moins. Choisissez donc toujours bien vos outils.

Il vous faut encore une petite binette pour sarcler vos légumes, prenez-la bien légère et pas trop large, 7 ou 8 centimètres au plus et très mince; une petite cerfonette, ce que nous appelons ici un piochot, à deux faces : une large de 3 à 4 centimètres, l'autre en forme de fer de lance pour tracer les petits sillons au cordeau.

Munissez-vous d'un râteau à dents de fer pas trop large ni trop lourd, c'est toujours plus facile à manier pour des femmes et des enfants, car je raisonne toujours dans cette pensée que les femmes et les enfants doivent faire la plus grande partie des travaux du jardin.

Enfin, pour ne rien oublier, ayez un ou deux arrosoirs, un cordeau avec deux piquets pour bien aligner vos planches, vos allées, vos plates-bandes; cela vaut mieux que de faire sans soins des planches mal tracées, mal dressées; enfin, munissez-vous d'un plantoir.

Vous connaissez tous cet outillage aussi bien que moi; et cependant j'ai voulu vous en parler pour vous signaler les avantages d'une petite bêche et d'une pioche à deux dents.

Fumiers et engrais.

Après les outils, il faut le fumier; si vous comprenez bien votre intérêt, vous n'hésiterez pas à consacrer un peu de votre fumier à votre jardin, en attendant que vous ayez pu en faire une provision toute spéciale, afin de ne rien détourner de celui que vous destinez à vos champs.

Il y a déjà longtemps qu'on le dit, qu'on le fait, et cependant bien peu le font. Il suffit d'un peu de soin chaque jour, il suffit de ne rien laisser perdre, de tirer parti de tout pour avoir chaque année à sa disposition tout le fumier nécessaire à son jardin.

Bien des auteurs l'ont déjà indiqué; je vais, en prenant un peu chez l'un, un peu chez l'autre, vous dire et vous répéter comment il faut s'y prendre.

Et tout d'abord, il y a un engrais que presque tout le monde laisse perdre dans notre pays, tandis que dans les départements du Nord, on le recueille avec si grand soin, c'est l'engrais humain. Si nous le recueillions bien, il suffirait à fumer chaque année le terrain nécessaire pour produire le blé que nous consommons. Les Chinois, qui sont autrement nombreux que nous, n'emploient que celui-là. Un chimiste, qui a fait faire bien des progrès à l'agriculture, M. Bobierre, estime que l'engrais humain produit par une famille de dix personnes vaut plus de 150 fr. par an, et que la partie la plus utile à conserver est la partie liquide.

Comment faut-il recueillir l'engrais humain contre lequel on éprouve dans nos pays un certain dégoût qu'on ne trouve pas ailleurs?

Bien des auteurs ont indiqué bien des systèmes. Les uns parlent de fosses *étanches,* les autres de tinettes (espèces de seaux mobiles). Dans tous ces systèmes, il faut toujours remuer la matière, et quoiqu'on puisse la désinfecter facilement avec du sulfate de fer, qui ne coûte pas cher, on trouvera toujours chez beaucoup de personnes une certaine répugnance. Après avoir bien lu ce que l'on avait écrit sur ce point, il m'a semblé que le meilleur moyen, et je ne vous le donne ni comme de mon invention, ni comme nouveau, est celui-ci :

Dans un coin de votre jardin, exposé au nord autant

que possible, creusez une fosse ayant intérieurement 2 mètres de longueur, 1 mètre de largeur et 70 à 75 centimètres de profondeur; entourez-en la moitié avec des claies ou des planches pour en faire une latrine à l'abri des regards, en ayant soin d'établir tout à ras du sol sur cette partie couverte un plancher avec une ouverture au milieu, l'autre partie de la fosse restera ouverte. Vous commencerez par mettre au fond de votre fosse 5 ou 6 centimètres de terre sèches ou de cendres; tous les jours vous jetterez soit des mauvaises herbes arrachées dans votre jardin, soit un peu de terre sèche, une poignée ou deux de plâtre en poudre jetées une ou deux fois par semaine, vous enlèvera presque toute l'odeur, un peu de sulfate de fer (couperose verte) mêlé dans un seau d'eau et jeté dans la fosse compléteront la désinfection. Quand votre fosse sera remplie aux trois quarts, vous en sortirez le contenu qui n'aura pas de mauvaise odeur et vous en ferez un tas que vous mettrez à l'abri; vous ferez bien pour cela une mauvaise couverture de 2 ou 3 mètres carrés en mauvaises planches ou en paille, ou même simplement avec deux ou trois rangs de fagots superposés. Si vous n'avez pas la bonne habitude de recueillir le purin qui s'échappe de vos écuries, de vos étables ou de votre fumier, creusez au moins un petit trou que vous garnirez de glaise à l'intérieur pour ne pas laisser infiltrer le purin; vous y recueillerez cette eau noire que vous laissez échapper et courir le long des ruisseaux dans vos villages, et qui est le meilleur de vos fumiers. Quand votre trou sera plein, vous jetterez le purin sur votre fumier, qui s'en trouvera bien et vous aussi; puis vous ferez bien à votre tas

d'engrais humain tenu à couvert la charité d'un ou deux
seaux de ce purin une fois par mois. Vous le répandrez
bien également en jetant une ou deux poignées de plâtre
en poudre et vous remuerez tout le mélange à la pelle.
Chaque mois ou tous les deux mois, vous pourrez vider
votre fosse à engrais humain et vous vous serez ainsi
procuré un engrais excellent pour votre jardin, et qui ne
vous aura coûté que quelques heures de travail. Quand
vous voudrez fumer votre jardin au printemps, votre
engrais y sera tout porté; vous le répandrez bien à la
surface et vous l'enterrerez tout de suite par un bon
labour à la bêche.

Je vais encore vous indiquer un autre engrais que vous
connaissez bien, dont vous vous servez, mais dont vous
ne tirez pas tout le parti possible. C'est la fiente des
poules. Pour la recueillir et vous en faire un engrais qui,
avec une douzaine de poules, peut bien vous fumer un ou
deux ares de votre jardin, prenez de la terre sèche, trois
brouettées, je suppose une demi-brouettée de cendres, un
peu de plâtre en poudre, des plâtres de démolition si vous
en avez, mélangez bien le tout, mettez-le à l'abri pour
maintenir le mélange bien sec. Votre mélange ainsi
préparé, nettoyez votre poulailler, répandez-y chaque
jour 1 ou 2 centimètres d'épaisseur de votre mélange et
enlevez le tout à la fin de chaque semaine; remuez bien
le tas, mettez-le à l'abri en l'arrosant, si vous le pouvez,
d'un peu d'urine ou de purin. Il ne vous faudra guère de
cet engrais, qui vaudra mieux que du bon guano, pour
vous donner en quantité de beaux et bons légumes.
M. Delagarde, auteur d'un excellent petit livre intitulé :
Les Engrais perdus dans les campagnes, livre qu'il

faudrait répandre à profusion, établit que la fiente d'une
poule, seulement pendant qu'elle est au poulailler, produit
en un an l'équivalent de 8 kilogrammes 475 grammes de
guano. Le guano vaut aujourd'hui 40 fr. les 100 kilos.
Une poule peut donc vous donner, si vous recueillez bien
toutes les fientes, pour plus de 3 fr. d'excellent fumier.

Avez-vous jamais eu l'idée de compter cela comme
bénéfice fait sur une poule, en sus des 120 à 125 œufs
qu'elle vous donne chaque année, et qui, à un sou
pièce, représentent déjà plus de 6 fr.?

Mais vous avez encore un moyen de vous procurer de
l'engrais pour votre jardin. C'est de recueillir à part ou
de mélanger avec l'engrais humain le fumier de vos
lapins, car je suppose que vous avez des lapins ; qui n'a
pas quelques lapins qui utilisent une foule de plantes que
vous n'avez que la peine de ramasser, et qui vous
procurent une bonne, une excellente nourriture, sans
compter la valeur de la peau, dont le prix s'accroît tous
les jours? Savez-vous bien que dans les villes, à Châtillon
par exemple, on vend jusqu'à 3 fr. un bon lapin de
clapier; on peut bien prendre la peine d'en élever. J'en
ai déjà parlé ailleurs; mais je ne saurais, à mon avis,
trop insister sur l'élevage de ces animaux, auxquels vos
enfants peuvent apporter tous les jours, plus qu'il ne
leur faut, en ramassant dans les champs, le long des
chemins, une foule de plantes qui seraient perdues et
que le lapin utilise admirablement (1).

---

(1) Par le croisement du lièvre et du lapin, on est arrivé à créer une race nouvelle que l'on appelle des léporides.

Le léporide est très fécond, il donne une chair d'une qualité bien supérieure à la
chair du lapin ordinaire et arrive plus rapidement que lui à un poids de 4 à 5 kilog.

Il y a encore quelque chose qu'il ne faut pas négliger : lorsqu'on fera la lessive ou quelque savonnage dans votre ménage, gardez-vous de jeter l'eau des lessives ou de savon, répandez-la avec soin sur votre tas d'engrais préparé ou en préparation. Pour le lui faire absorber plus facilement, faites sur le tas des trous de 15 à 20 centimètres de profondeur avec un fort plantoir et versez-y votre eau de lessive ; elle contient surtout de la potasse, qui n'est jamais en assez grande quantité dans nos terres. Ayez soin aussi de tenir à l'abri votre tas d'engrais, afin que le salpêtre (nitrate) puisse s'y former, sans être entraîné par les eaux de pluie.

Dans le trou où vous recueillez votre engrais humain, ne craignez pas de jeter des plumes, des chiffons de

---

Je me rappelle avoir vu dans ma jeunesse des lapins angoras, à poils blancs, bleuâtres et jaunâtres. Les lapins étaient à cette époque moins répandus qu'aujourd'hui, et on n'en élevait de cette race à grands poils que pour les recueillir en les peignant au moins deux fois par mois. On tricotait dans nos pays, avec ce poil, des gants, des mitaines, des corsets et même des bas. Ces tissus étaient très bons, très chauds, très solides, et cependant on a peu à peu abandonné cette race, sous prétexte que la chair ne valait rien, tandis qu'elle est au contraire plus savoureuse que celle du lapin ordinaire.

On ne voit presque plus de ces lapins si précieux cependant pour ce que j'appellerai leur toison.

Mais voici que dans un petit village de la Savoie, près d'Annecy, à Saint-Innocent, on s'est remis à élever cette race sur une grande échelle. Avec le poil précieusement recueilli, on fabrique une foule de tricots de luxe, des bas, des genouillères, des brassières, qui ont un avantage fort apprécié par les personnes atteintes de rhumatismes ; on croit que l'électricité développée par le poil de lapin angora, comme par le poil de chat, produit un effet très salutaire pour la guérison des douleurs rhumatismales.

A Saint-Innocent, la fabrication des tricots occupe passablement de femmes. La mode va s'en mêler, et cette fois elle fera quelque chose d'utile.

A mon avis, nous devrions revenir à cette race de lapins angoras, que les gens de mon âge doivent se rappeler. Ils ne sont pas plus difficiles que les autres pour la nourriture ; ils ont une chair aussi succulente et même meilleure, et ils offrent de plus la précieuse récolte de leur poil.

laine, des os que vous aurez soin de briser à coups de
marteau ou simplement entre deux pierres, du crin, des
balayures des rues, des crottins et des fientes de bétail,
tout cela forme bel et bien de l'engrais, et si vous ne
laissez rien perdre, vous en aurez bientôt tant que vous
pourrez en mettre dans votre jardin.

Remuez souvent votre tas et ne l'employez que lorsque
tout ce que vous y avez mis est bien décomposé. J'allais
encore oublier quelque chose : quoique vous ne fassiez
pas beaucoup de cuisine, il faut toujours laver votre
vaisselle et récurer votre marmite. Ne perdez ni l'eau qui
a servi à laver la vaisselle, ni les cendres qui ont servi à
nettoyer la marmite; c'est encore une excellente chose à
ajouter à votre engrais et qui viendra le bonifier plus que
vous ne sauriez le croire.

Au printemps, et même pendant l'été, vous répandrez
de votre engrais sur les parties du jardin que vous voulez
planter ou ensemencer; il faudra le répandre bien
également et l'enterrer tout de suite à la bêche. C'est ici
qu'il faudra vous servir vite et bien de la petite bêche
que je vous ai conseillée. Il ne faut pas vous borner à
retourner mollement votre terre, il faut la diviser avec
le taillant et l'émietter en la frappant avec le dos; plus
votre terre sera ameublie, plus vos légumes pousseront
vite.

Il me tombe sous la main quelques vers renfermant
des renseignements utiles sur l'art de créer des engrais;
ils émanent d'une si bonne source que mes lecteurs les
liront, je crois, avec plaisir :

> Les champs qui sont privés d'engrais réparateurs,
> Du fermier paresseux sont les accusateurs.

Allons ! purgez vos cours de cette eau croupissante ;
Enlevez des chemins la fange renaissante ;
Des corps qui ne sont plus recueillez les débris,
Les feuillages séchés, les végétaux pourris ;
Tout ce que des torrents la course débordée
Traîne, avec le limon, sur leur rive inondée ;
Les chaumes, les rebuts, courez tout ramasser.
Dans un fossé profond sachez bien l'entasser ;
Qu'il y mûrisse un an ; puis, quand l'automne avance,
Qu'il aille dans vos champs reporter l'abondance.
O laboureur soigneux ! connais ton vrai trésor :
Les meules des fumiers, voilà tes mines d'or ;
Qu'à leur défaut du moins, ta glèbe soit nourrie
Par la fève enterrée aussitôt que fleurie.
Que dis-je ? deux terrains rebelles à tes vœux
Peuvent se secourir et s'amender tous deux.
Dans le sol trop compacte, il suffit de répandre,
Comme un riche fumier, du sable ou de la cendre ;
Quand le sol, au contraire, est un sable léger,
Avec l'argile épaisse il peut se corriger ;
L'une par l'autre, ainsi, l'art féconde les terres,
Mais l'art a des secrets encore plus salutaires ;
Et si, durant les nuits de la douce saison,
Les troupeaux innocents qui portent la toison,
Couchent, serrés entre eux, sur la terre épuisée,
La terre, sous leurs pas, renaît fertilisée.

FRANÇOIS DE NEUCHATEAU.

Légumes.

Quoique vous connaissiez bien tous les légumes que vous consommez ordinairement, je veux vous en donner une liste par ordre alphabétique en y comprenant quelques espèces que vous ne cultivez peut-être pas, soit parce que vous les dédaignez, soit parce que vous croyez qu'il serait trop difficile de les faire venir, soit enfin parce que vous pensez qu'il faut laisser cela au jardinier de profession, et vous commettez une erreur.

Légumes épices.

Je veux commencer ma liste par les légumes que l'on surnomme avec grande raison *les légumes épices*, parce qu'ils servent à assaisonner, à faire trouver bons des mets très ordinaires, et qu'ils améliorent toujours des mets plus recherchés.

Ce sont :

L'ail,

La ciboule, ciboulette ou appétit, que vous mêlez souvent à du fromage frais.

Le cerfeuil,

L'échalotte,

L'estragon,

L'oignon,

L'oseille,

Le persil, qui donne si bon goût aux lapins, quand on leur en fait manger un peu quelques jours avant de les tuer.

Le poireau.

Puis voici la liste des autres légumes :

Légumes ordinaires.

Arroche,
Artichaut,
Asperges,
Betteraves,
Carottes,

Chicorée,
Chicorée amère,
Choux cabus,
Choux précoces,
Choux frisés,
Courges,
Concombres,
Epinards,
Haricots à rames,
Haricots nains,
Laitues diverses,
Lentilles,
Mâche ou Doucette,
Navets ou Raves,
Panais,
Pissenlits,
Poirée à cardes,
Pois mange-tout,
Pois à écosser,
Pommes de terre,
Oseille-épinards.
Radis roses,
Radis noirs.

Ajoutons même à cela des **Melons**, que vous pouvez sans trop de peine vous donner le plaisir de cultiver et que vous trouverez d'autant meilleurs que vous les aurez fait venir vous-même.

Dans presque tous les légumes dont je vous ai donné la liste, il y a bien des variétés plus ou moins bonnes, plus ou moins productives, plus ou moins difficiles à cultiver, et quoique vous en connaissiez bon nombre, m'est avis qu'il ne sera pas inutile de vous les indiquer et de vous dire comment on doit s'y prendre pour réussir le mieux possible.

Ainsi donc, commençons en suivant l'ordre alphabétique des *légumes à épices*, et ensuite nous ferons de même pour les autres légumes :

AIL.

Il y a plusieurs variétés d'ails ou d'aulx ; la variété rose est la meilleure, elle est plus grosse et plus douce, plantez-la donc de préférence. Lorsque les tiges de l'ail ont tout à fait poussé, nouez-les, cela fait grossir les bulbes. Quand vous arrachez l'ail, ayez soin de le laisser sécher quelques jours au soleil avant de le rentrer au grenier.

On peut très bien mettre l'ail en bordure, en espaçant les pieds de 15 centimètres au plus.

CIBOULE.

Plantez-la en bordure sur 1 ou 2 mètres de vos plates-bandes ; mettez les pieds à 10 ou 12 centimètres l'un de l'autre : avec cette quantité vous pourrez en couper autant qu'il vous en faudra pour votre ménage.

ÉCHALOTTE.

Si vous avez planté un rayon d'ail rose, plantez à côté un rayon d'échalotte. Ces deux plantes vivent en bon voisinage, et, avec deux rayons, vous aurez assez de l'un et de l'autre. Ne mettez ni l'ail ni l'échalotte dans des terrains humides ; ils n'ont pas besoin d'arrosage.

Dès que la feuille de l'échalotte est fanée, arrachez-la et laissez-la sécher quelques jours au soleil avant de la rentrer au grenier.

CERFEUIL.

C'est en bordure d'une plate-bande qu'il faut le semer, peu à la fois, mais souvent pour n'en jamais manquer (au moins deux fois par an). Ayez soin de le mettre dans l'endroit le plus frais et le plus ombragé, et préférez la variété dite cerfeuil frisé. Ayez soin de rogner les tiges pour l'empêcher de fleurir.

OIGNONS.

Si vous voulez avoir de beaux oignons, ne vous donnez pas la peine d'en semer. Achetez au printemps de tout petits oignons que l'on vend partout sous le nom d'oignons de Mulhouse; plantez-les à 15 centimètres de distance, arrosez-les de temps en temps, et lorsqu'ils vous paraîtront suffisamment gros et mûrs, couchez les tiges en les frappant légèrement avec le dos du râteau et dans le même sens, la longueur de la planche; cela les fera grossir et activera la maturité. Lorsque vous les jugerez bons à prendre, arrachez-les et faites comme pour l'ail et l'échalotte, laissez-les plusieurs jours au soleil avant de les rentrer. Si vous voulez semer des oignons vous-même, au lieu d'acheter des oignons de Mulhouse, il faudra semer le plus tôt possible après l'hiver, bien enterrer les graines avec le râteau, tasser la terre avec les pieds et puis la gratter un peu avec le râteau pour que la terre ne fasse pas croûte.

Mettez l'engrais par-dessus sans l'enterrer; sarclez aussitôt que possible et éclaircissez en mai en laissant 10 centimètres d'intervalle entre chaque pied. Par un temps pluvieux, jetez sur les jeunes oignons un mélange de cendres et de suie; n'arrosez que par la sécheresse.

Autrefois on ne cultivait que les gros oignons rouges, dont la saveur est très forte, ce qui faisait bien involontairement pleurer nos ménagères lorsqu'elles les épluchaient. Aujourd'hui, on cultive de préférence, et on a raison, l'oignon blanc ou l'oignon jaune pâle; ceux-là se mangent très bien crus.

J'ai été un jour, moi qui vous parle, réduit dans une auberge des montagnes du Midi, à partager un gros oignon blanc avec un camarade de route; c'était tout ce qu'on avait à nous donner. Je n'en avais jamais goûté, et j'hésitais à donner le premier coup de dent; mais l'appétit aidant, je mordis courageusement, et je le trouvai si bon que j'aurais bien voulu en avoir un second; mais il n'y en avait plus, et je dus, jusqu'au soir, me contenter de ce maigre repas, qui me soutint beaucoup mieux que je ne pensais dans ma course à pied, de plusieurs lieues, au milieu des montagnes, près desquelles nos côteaux ne sont que de petits enfants.

OSEILLE.

Il faut mettre l'oseille en bordure. Plantez-en assez, elle vous sera d'un grand secours aux mois de mars et d'avril pour faire une bonne potée au lard; avec les pommes de terre, les épinards, et, à défaut d'épinards, avec de l'oseille-épinards, dont je vous parlerai, avec des pissenlits que vous pouvez aller récolter dans les prés et les luzernes, et qui sont d'autant meilleurs qu'ils sont plus verts. Ne plantez pas de la petite oseille à feuilles étroites; elle donne peu, elle est très acide et monte vite à graines.

Prenez la belle variété à feuilles larges et à bords rouges : on l'appelle oseille-vierge. Elle est à tous points de vue préférable. Ayez soin, lorsque vous la cueillez, de la prendre feuille à feuille, pour ne pas diminuer la récolte.

PERSIL.

C'est encore une plante à mettre en bordure; ayez-en autant que vous le pourrez; ce que vous ne consommerez pas, vos lapins le mangeront avec plaisir, et il parfumera leur chair.

Si vous voulez en avoir l'hiver, faites comme pour le cerfeuil, semez-en dans des pots que vous rentrez à la cuisine.

Prenez de préférence à toute autre variété le *persil frisé*; semez-en au moins deux fois, au printemps et au mois d'août.

POIREAUX.

Il faut semer les poireaux comme les oignons, de très bonne heure, en pépinière. Quand ils sont gros comme une plume à écrire, soulevez-les avec un petit morceau de bois, coupez les racines presque jusqu'au bulbe, coupez aussi l'extrémité des feuilles; prenez vos cordeaux, faites des trous avec un bon plantoir à 15 centimètres de distance; laissez tomber un petit poireau dans chaque trou, et au lieu de tasser la terre autour avec le plantoir, versez de l'eau sur le bord avec le goulot de l'arrosoir, l'eau entraînera la terre et remplira le trou en partie. Arrosez, sarclez et binez souvent. Lorsque les poireaux seront comme le petit doigt, coupez de nouveau l'extrémité des feuilles ; quinze jours plus tard, coupez-les de nouveau au tiers ; quinze jours après à la moitié, et quinze jours plus tard aux trois quarts ; cela fera grossir la tige.

Passons maintenant aux autres légumes et commençons par l'arroche :

ARROCHE, BELLE DAME OU BONNE DAME.

L'arroche est un légume qui s'associe très bien avec l'oseille, qui détruit son acidité ; seule, l'arroche peut remplacer l'épinard et donner constamment. L'arroche se sème d'elle-même, et quand une fois on en a un pied dans un jardin, on est sûr d'en avoir à peu près pour toujours. On peut lui reprocher d'être trop envahissante.

L'arroche monte très vite à graines, et il est bon, quoiqu'on puisse employer ses feuilles quand elle est montée, d'en semer souvent pour l'avoir plus tendre.

Passons maintenant à l'artichaut :

ARTICHAUTS.

Vous vous étonnerez que je vous conseille de cultiver l'artichaut, à vous qui n'avez qu'un tout petit jardin ; j'aurais tort, en effet, si je ne m'adressais qu'à ceux-là qui ne disposent que d'un petit jardin ; mais parmi ceux qui me liront, il en est bien quelques-uns qui pourront disposer; dans un plus grand jardin, d'une ou deux planches qu'ils réservent pour les artichauts; ils seront bien aises, en été, de les manger crus ou cuits avec du sel et du poivre, de l'huile et du vinaigre.

Mais je préviens tout de suite ceux qui voudront cultiver les artichauts qu'ils ne doivent le faire qu'autant qu'ils auront beaucoup d'eau à leur disposition; s'ils ne peuvent pas en avoir abondamment, qu'ils renoncent à cette culture.

Il y a longtemps que je fais cultiver des artichauts, et j'étais souvent très vexé de voir après l'hiver la plus grande partie de mes artichauts ou morts ou pourris. Ce n'est que depuis quelques années, et en faisant faire le buttage sous mes yeux, que je suis arrivé à les conserver, je puis dire sans perte sensible, à peine 2 ou 3 pour 100. Mais je m'aperçois que je commence par la fin, au lieu d'indiquer la manière de planter.

Si vous voulez avoir des artichauts, réservez-leur une planche d'au moins 1m50 de large.

Si vous en avez déjà, prenez les artichauts chez vous; réservez de vos anciens pieds les deux plus fortes tiges et enlevez les autres, mais en ayant soin de les couper avec un couteau ou avec une serpette, au lieu de les éclater; ce qui endommage trop les racines. Il faut, autant que possible, laisser les radicelles aux œilletons, la reprise en est plus assurée. L'œilletonnage opéré, vous devez tout de suite rechausser le pied-mère.

On doit avoir bien fumé et bien bêché à plus d'un fer de bêche le terrain destiné aux artichauts.

Lorsque le terrain est bien préparé, on tire un rayon au cordeau et on plante les œilletons à 1m20 l'un de l'autre dans la ligne ; ne mettez pas deux œilletons ensemble, un seul suffit et réussit mieux.

Mais avant de planter, il faut avoir soin de mettre, sur 60 ou 80 centimètres de largeur et à 10 ou 15 centimètres de profondeur, une espèce de galette de fumier à moitié décomposé ; l'œilleton sera planté au milieu de ce fumier, puis on ramassera la terre tout autour en le rechaussant, mais en laissant autour du pied un petit bassin pour recevoir l'eau d'arrosage et la forcer à s'infiltrer sur les racines. Il faut arroser beaucoup en plantant et continuer tous les jours pendant au moins un mois, en versant chaque jour au moins un arrosoir. Il faut tenir la terre propre et la biner souvent. Comme il y a beaucoup de place perdue, on peut contreplanter (on appelle con-treplanter, planter entre les légumes qui doivent mûrir tardivement, d'autres légumes qui poussent vite et que l'on consomme avant les autres : c'est ainsi que, quand vous plantez des choux, vous les contreplantez avec de la salade que vous consommez peu de temps après, et qui n'empêche pas vos choux de grossir) les artichauts, la première année, avec des choux, des salades, des bette-raves et même des radis et des épinards, mais tous ces légumes doivent être enlevés quand l'artichaut, parvenu à sa croissance, couvre le sol de ses feuilles.

Des artichauts ainsi plantés, bien arrosés (car l'arrosage est l'essentiel), vous donneront déjà beaucoup de fruits aux mois de septembre et d'octobre.

Voyons maintenant comment il faut faire pour les conserver l'hiver pendant les quatre ans qu'ils doivent durer.

Aussitôt que les gelées paraissent probables, vers la fin

d'octobre ou le commencement de novembre, il faut couper les plus grandes feuilles du tour des artichauts, on lie ce qui reste de feuilles avec un lien de paille et on butte avec la terre du pourtour ramenée avec une binette. Le buttage doit aller presque jusqu'au milieu de la hauteur des feuilles, puis on enlève le lien qui retenait les feuilles. Il faut bien se garder de couper ras toutes les feuilles comme le font les jardiniers, on risque de faire pourrir les pieds et de retarder la récolte de l'année suivante. La butte une fois faite, on la couvre de fumier à moitié décomposé, en laissant toujours dépasser les feuilles du dessus. On remplit tout l'intervalle entre les pieds avec des feuilles ramassées au bois, si on le peut, ou avec de la grande litière sèche. Ces feuilles et ces litières doivent servir à couvrir la tête des artichauts aussitôt que le froid augmente ; mais comme l'artichaut redoute l'humidité pendant l'hiver, il faut avoir soin de le découvrir toutes les fois qu'il fait beau et de le recouvrir tous les soirs.

Quand le mois d'avril est arrivé, il faut enlever les feuilles et les litières répandues sur toute la planta-tion, tout le fumier qui couvrait les buttes. On démolit ensuite les buttes et on enterre tout le fumier par un bon labour à la bêche, assez profondément sans attaquer les racines. C'est quinze jours au moins après le bêchage qu'il convient d'œilletonner les artichauts, en ne laissant, comme nous l'avons dit, que les deux plus belles tiges et en détachant tous les autres œilletons avec un couteau ou une serpette, mais sans les éclater.

Suivez bien ces recommandations et vous aurez tou-jours de beaux artichauts à la sortie de l'hiver. Leur toilette faite, il n'y a plus qu'à leur donner de l'eau en été; une récolte abondante ne peut s'obtenir qu'avec des arrosages.

Il y a plusieurs variétés d'artichauts : ne cultivez dans ce pays que le *gros vert;* mettez cependant, si vous le voulez, pour les manger à la croque-au-sel, un ou deux pieds de *violet rond*, mais n'en abusez pas, il produit moins et il est plus délicat.

ASPERGES.

Comment allez-vous, me direz-vous, nous parler d'asperges? Nous ne pouvons songer à manger de ce légume, qui ne convient qu'à ceux qui peuvent le payer bel et bien. C'est précisément pour cela que je veux vous en parler. Je veux vous indiquer la manière de cultiver l'asperge pour en récolter beaucoup et de très belles et en faire beaucoup d'argent en les vendant, car c'est un légume qui se vend toujours et très bien. A Voulaines et à Leuglay, on a déjà commencé à cultiver des asperges en plein champ. La première plantation que j'aie vue dans nos pays a été faite à Maisey, sur les conseils de M. Lebœuf, ancien imprimeur à Châtillon, qui avait édité dans le temps des petits almanachs agricoles qui avaient bien leur mérite, et qui est devenu pépiniériste à Argenteuil, près de Paris. Argenteuil est le pays qui produit le plus d'asperges et les plus belles asperges des environs de Paris. M. Lebœuf a publié un petit traité sur cette culture; beaucoup d'autres auteurs, parmi lesquels M. Gressent, jardinier fort instruit, excellent professeur d'horticulture et d'arboriculture, qui a publié un bon livre, *le Potager moderne*, que je voudrais voir répandu dans nos campagnes, mais qui coûte malheureusement un peu trop cher pour bien des bourses (4 fr.). M. Gressent décrit très bien les méthodes d'Argenteuil pour la culture des asperges. J'ai aussi entre les mains une toute petite brochure sur cette même culture, brochure publiée par le directeur de l'orphelinat agricole de la Breille. C'est en prenant dans ces trois ouvrages que je vais essayer de vous dire comment on peut cultiver avec grand profit l'asperge en plein champ. Tant que je n'ai pas connu la culture de l'asperge comme on la pratique à Argenteuil, j'ai été fort loin de réussir. Depuis que je suis la méthode d'Argenteuil (il n'y a que trois ans), je récolte de belles et bonnes asperges. En vous indiquant ce qu'il faut faire, je ne vous dirai donc pas une chose de théorie, mais au contraire toute pratique.

Je ne vous dirai rien des diverses variétés d'asperges; il n'y en a qu'une seule à cultiver, c'est l'asperge améliorée d'Argenteuil. Je ne vous conseillerai pas non plus d'en faire des semis, c'est trop difficile et surtout trop difficile de savoir choisir les griffes qui doivent exclusivement donner de belles asperges.

La graine récoltée sur la même tige vous donnera seulement quelques bonnes griffes et beaucoup de mauvaises.

Il vaut donc mieux s'adresser à des producteurs consciencieux si on veut être certain de ce qu'on plante; on peut acheter des griffes d'asperges à Argenteuil. L'orphelinat agricole de Breille (Maine-et-Loire) en vend d'excellentes au prix de 7 fr. le cent.

Vous savez où vous pouvez vous procurer des griffes;

choisissez maintenant votre terrain. Prenez un champ où
la terre soit de consistance moyenne, plutôt légère que
lourde, un peu de sable même ne lui fait pas de mal;
fumez votre champ convenablement, comme vous feriez
pour une bonne culture de betteraves; enterrez bien
votre fumier par un bon bêchage ; on pourrait le faire à
la charrue, mais ce serait moins bien. Votre terrain bien
préparé, un peu d'avance, vous tracez des lignes à 1m20
de distance les unes des autres de milieu en milieu, vous
creusez alors ou à la bêche ou à la houe (espèce de pioche
très large) des tranchées de 30 centimètres de largeur et
de 30 centimètres de profondeur en rejetant la terre qui
en proviendra de chaque côté de votre champ; ainsi
préparé, il présentera en coupe l'aspect suivant :

Vous marquerez avec un petit bâton, dans le fond de
vos tranchées, la place où vous devez mettre vos
asperges ; elles devront, dans la ligne, être espacées de
80 centimètres. Au pied de chaque petit bâton, vous
placez une bonne poignée de terre bien meuble, mélangée
avec une poignée de compost, engrais humain; puis
vous formez avec ces deux poignées un petit monticule
bien arrondi et surélevé au milieu de 5 à 6 centimètres
seulement. Vous placez une griffe d'asperge en l'étendant
bien sur votre petite butte, puis vous la recouvrez d'une
poignée de compost et de 5 à 6 centimètres de terre bien
fine et bien meuble. Vous appuyez bien cette terre sur
la griffe en la pressant avec la main pour empêcher la

terre de se soulever. Si vous avez des cendres de bois
mêlées avec des cendres de houille, mettez-en une petite
poignée par-dessus, ce n'est pas à dédaigner. Voici la
plantation faite. Pour tirer parti du terrain, vous pouvez
planter sur le sommet des ados de l'ail, des échalottes,
des oignons qui vous donneront une récolte que vous
pourrez vendre avantageusement.

Si vous ne craignez pas la besogne, mettez au pied de
chaque asperge qui poussera un petit tuteur après lequel
vous l'attacherez, afin d'éviter que le vent ne fatigue la
racine. Pendant le premier été, bornez-vous à sarcler et
à tenir très propre de mauvaises herbes votre plantation,
en binant, en sarclant et tirant de la terre sur la griffe.
Au mois de novembre, on enlève cette terre et on la
rejette sur l'ados, en ne laissant sur la griffe que 5 à
6 centimètres d'épaisseur. On répand alors dans toute la
longueur de chaque tranchée un peu de compost ou un
peu de fumier bien décomposé que l'on recouvre de 2 ou
3 centimètres de terre.

L'année suivante, au mois d'avril, vous ajouterez encore
sur chaque griffe 3 ou 4 centimètres de terre ; vous
verrez cette seconde année des asperges déjà belles sortir
de terre ; gardez-vous bien de les couper, vous détruiriez
l'avenir de votre plantation. Pendant l'été, tenez le sol
bien propre en sarclant et en enlevant toutes les mauvaises herbes ; soutenez vos asperges avec de petits
tuteurs si vous en avez le temps : c'est toujours une bonne
précaution, quoique ce ne soit pas indispensable. Au mois
de novembre, coupez les tiges et déchaussez les plants
en ne laissant que 5 à 6 centimètres de terre sur la
griffe ; couvrez avec du bon fumier bien consommé ou

une demi-pelletée de compost par chaque griffe, puis recouvrez de 2 ou 3 centimètres de terre bien meublé.

Après l'hiver, vous rechargerez vos tranchées, de façon à avoir au moins 15 centimètres de terre sur les griffes.

Les asperges poussent déjà belles et on peut en couper trois ou quatre par pied au plus et seulement jusqu'au 15 mai.

A l'automne, on déchausse les plants comme l'année précédente et on fume légèrement.

Au printemps de l'année suivante, on rechargera sur chaque pied, de façon à former une butte d'environ 20 centimètres de hauteur; c'est dans cette butte que pousseront les asperges et qu'on les récoltera. Les cultivateurs d'Argenteuil cueillent l'asperge quand elle commence à pointer au-dessus de la butte, afin de n'avoir qu'une petite tête violacée et tout le reste blanc et tendre. Ils ont bien raison, car l'asperge est ainsi bien meilleure. Pour ne pas blesser la griffe, ils découvrent la terre avec une espèce de couteau de bois et cueillent l'asperge sur la griffe. Quand on se sert d'un couteau, il faut bien prendre garde de toucher ni à la griffe ni aux asperges qui poussent. On continue la récolte jusqu'au 15 ou 20 juin. Au mois de juillet, on coupe à 10 centimètres au-dessus de la butte les tiges qui ont poussé; on diminue un peu la hauteur de la butte, on sarcle et on tient le terrain très propre.

Au mois de novembre, on déchausse, on fume un peu, et au mois de février ou mars suivant, on reforme les buttes. Cette culture se continue ainsi chaque année et pendant longtemps. M. Lebœuf estime le produit d'un hectare d'asperges à 6,000 fr.

Prenez-en seulement le quart au plus, à cause de l'éloignement de Paris, et vous aurez encore un beau produit.

Si vos asperges sont bien soignées, comme je viens de vous le dire, elles seront toujours belles et vous les vendrez toujours très cher; car les Anglais et les Russes viendront toujours en chercher en France.

Si vous voulez planter des asperges pour la vente, ne vous contentez pas des explications que je viens de vous donner, elles pourraient être un peu trop succinctes. Achetez la brochure de M. Lebœuf ou celle du directeur de l'orphelinat de la Breille, elles ne sont pas chères : la première coûte 1 fr. 50 et la seconde 1 fr., ou, ce qui est mieux encore, achetez le *Potager moderne* de M. Gressent (4 fr.).

BETTERAVES A SALADE.

Lorsque vous semez ou plantez quelque chose dans votre jardin, il vous reste toujours de petits carrés qui ne sont pas occupés. Plantez-y des betteraves globes jaunes, dont vos lapins feront leur profit pendant l'hiver, et des betteraves rouges que vous consommez vous-même en salades.

Les Alsaciens en mangent beaucoup; voici comment ils les préparent : Après les avoir fait cuire sous la cendre ou dans le four et les avoir bien épluchées, ils les coupent en tranches très minces. Dans un vase en terre cuite ou en grès, plus ou moins grand, selon la provision à faire, ils mettent un premier lit de 2 centimètres environ d'épaisseur de betteraves coupées, ils salent partout, mettent un peu, très peu d'huile et beaucoup de vinaigre, puis ils recommencent un autre lit et ainsi de suite jusqu'à l'emplissage complet du vase, puis ils le bouchent bien avec du papier ou du parchemin. Au bout de huit ou dix jours, les betteraves sont bonnes à prendre. On est bien aise souvent d'en prendre un peu à son goûter, elles font trouver le pain bon, et c'est un mets qui n'est pas cher.

Pour avoir de belles betteraves dans votre jardin, il ne faut pas les semer en place comme dans les champs. Dans un petit coin que vous aurez bien fumé, semez-les en pépinière, en lignes assez serrées, sarclez-les de bonne heure, arrosez-les, et lorsqu'elles seront grosses comme le petit doigt, plantez-les en coupant un peu l'extrémité de la racine et des feuilles et donnez-leur de bons arrosages, et surtout ne leur enlevez jamais leurs feuilles, autrement vous les empêchez de grossir.

CAROTTES.

Dès le 15 avril, préparez bien votre terre et tracez des lignes espacées de 10 à 12 centimètres de distance; semez votre graine de carottes bien régulièrement dans les lignes, recouvrez la graine avec le râteau et appuyez un peu sur la terre avec une planchette; arrosez souvent. Au bout de quinze jours, vos carottes lèveront, sarclez-les de suite, binez la terre entre les lignes et éclaircissez vos racines au fur et à mesure qu'elles grossiront, pour ne laisser que ce qui doit rester.

Cultivez de préférence à toute autre, si votre terrain est profond, la carotte rouge nantaise; ne craignez pas d'en semer assez, la carotte est un bon légume que les hommes et les animaux consomment volontiers. Seulement, ayez soin de n'en jamais donner à des juments, à des vaches, à vos brebis, à vos chèvres, ni à des lapins qui nourrissent, la carotte procure la graisse et fait tarir le lait.

CÉLERI-RAVE.

. Réservez un petit coin d'une petite bande bien exposée au soleil, fumez-le bien avec le meilleur de votre terreau. Bêchez et puis battez fortement avec les pieds ou la planchette et grattez le dessus avec un râteau pour détruire la croûte. Votre terrain préparé, mélangez de la graine de cèleri avec des cendres, puis semez-la bien régulièrement en appuyant dessus très fortement avec la main, mais sans la couvrir; arrosez souvent, mais légèrement; sarclez et éclaircissez autant que possible. En juin et même en juillet, bêchez une planche, tracez au cordeau des trous à 40 centimètres l'un de l'autre; plantez le céleri sans courber la racine et arrosez très abondamment. Un mois après, ouvrez autour de chaque pied un petit bassin pour y verser de l'eau tous les jours un peu; arrosez même avec de l'eau, dans laquelle vous aurez mis un peu de purin et de la fiente de poule bien délayée. Entretenez bien le bassin, et de temps à autre ayez soin de couper le chevelu qui pourrait se former autour de la racine principale. Sarclez et binez souvent. Suivez ces indications et vous aurez des céleris énormes.

Quand viendra l'hiver, arrachez votre céleri, mettez-le en jauge; les plants à 2 ou 3 centimètres les uns des autres, inclinés à 45 degrés. Recouvrez le premier rang de 10 à 12 centimètres de terre et recommencez un second rang ; continuez ainsi tant que vous en aurez. Quand vous voudrez en prendre l'hiver, ayez soin de recouvrir de feuilles ou de grandes litières.

CHICORÉE.

Dans un petit coin de votre jardin, dans une plate-bande bien exposée, prenez seulement un demi-mètre carré, préparez bien votre terre, et à deux fois en juillet et en août, semez votre graine de chicorée à la volée. Enterrez bien la graine avec le râteau, tassez la terre avec une planchette, mettez un peu de compost par-dessus et arrosez de temps en temps. La levée est rapide; sarclez et éclaircissez. Quand le plant a 8 ou 10 centimètres, arrachez et replantez; coupez pour cela le bout de la feuille et de la racine; plantez en lignes dans un terrain fumé, bien labouré, à 40 centimètres de distance, puis arrosez abondamment. Quand votre chicorée est assez grande et forte, liez-la au fur et à mesure de vos besoins avec un peu de jonc, de paille de seigle ou même de l'osier pour bien faire blanchir l'intérieur. Quand l'hiver arrive, on conserve de la chicorée pendant les premiers temps, en la couvrant avec de la paille et des chènevottes. Si on veut en garder plus longtemps, on peut la mettre à la cave, les plants placés dans un peu de sable et serrés l'un contre l'autre. On peut la garder aussi dans le jardin en l'enterrant aux trois quarts et en la couvrant avec des feuilles.

CHICORÉE AMÈRE.

Dans une des plates-bandes de votre jardin, au nord de préférence, semez en bordure un ou deux rangs de chicorée amère. Cette plante pousse vite, dure très longtemps (plusieurs années presque sans semis). Quand elle est jeune, on peut la manger en salade; quand elle est grande, on la donne aux lapins et aux vaches. En hiver, on peut la couvrir de terre, et on a alors des pousses fraîches qui sont très bonnes, et que l'on appelle la barbe de capucin. Pendant l'été, on peut couper la chicorée sauvage tous les mois.

CHOUX.

Voilà un légume dont on doit faire ample provision, car il constitue, avec la pomme de terre, la plus grande ressource pour la potée au lard pendant l'hiver. En Alsace, on en fait de la choucroute; mais il faut être à moitié allemand et ne pouvoir conserver les choux autrement, pour se contenter de ce maigre régal.

Il y a plusieurs espèces de choux, vous le savez tous; je vais vous indiquer les meilleurs pour un petit jardin. Il vous en faut de précoces et de tardifs. Pour les précoces, prenez le *petit cabbage*, le *chou d'York*, le *cœur-de-bœuf*, qu'il faut semer dans un petit coin du jardin dès la fin d'août. Pour les tardifs, prenez le *gros cabus*, le *chou de Winnisgtadt*, le *chou de Saint-Denis*, le *quintal*, le *chou de Milan*. Pour ceux-là, je ne vous conseille pas de les semer, vous trouverez toujours à les acheter chez vos jardiniers qui en font commerce. Si cependant vous voulez en produire vous-même des plants que vous utiliserez pour vous et dont vous pourrez vendre l'excédant à vos voisins, voici comment il faudra vous y prendre : Dans une partie de plate-bande, au midi, fumez bien 1 ou 2 mètres carrés, bêchez et ameublissez bien votre terre, semez à la volée, enterrez avec le râteau, tassez légèrement avec la planchette, arrosez souvent, sarclez et éclaircissez, vous aurez ainsi de beaux plants. Mettez en place depuis le 25 mai au 1er juillet ; plantez à 60 et 70 centimètres de distance, selon la grosseur, arrosez souvent, binez souvent aussi votre terre, surtout autour du pied. Quand l'hiver arrive, arrachez vos choux en commençant par les cabus, qui sont de tous les plus sensibles à la gelée ; ce sont les choux Milan qui y résistent le mieux. Choisissez un beau temps, laissez-les exposés un jour ou deux au soleil, puis retournez-les le pied en l'air, serrez-les les uns contre les autres et recouvrez-les de terre d'un bon fer de bêche ; pour cela, mettez-les sur le sol du jardin sans creuser de fosse. C'est de cette façon qu'ils me semblent le mieux se conserver.

Quelques jardiniers, après les avoir arrachés, au lieu de les retourner, les couchent sur le côté ; ils en mettent ainsi un ou deux rangs l'un sur l'autre, la tête exposée à l'air, et ils couvrent les pieds de terre jusqu'à la hauteur du dernier rang. Cette méthode est bonne aussi.

En outre des choux pommés, il est bon pour l'hiver et le printemps d'avoir des choux frisés verts, qui sont au printemps une précieuse ressource pour la potée en mélange avec les pommes de terre, l'oseille, les épinards, l'oseille-épinard et les pissenlits. Il y a dans les choux

frisés de charmantes variétés que l'on emploie pendant
l'hiver à la décoration des jardins. On en met dans des
pots en guise de fleurs, et leurs couleurs sont d'autant
plus vives qu'il fait plus froid; il y en a des bordés de
rouge, de blanc, de jaune, de violet, tous sont très bons à
manger. Il faut avoir soin de prendre toujours les feuilles
du bas sans trop dégarnir le plant.

On les sème comme les choux pommés, mais plus
tard, au commencement de juin, et on les met en place
en août, septembre et même quelquefois plus tard. Au
fur et à mesure que votre jardin se dégarnit de légumes,
plantez des choux verts dans tous les endroits disponibles.
Vous serez bien contents de les trouver en hiver et au
printemps.

COURGES.

Il y a bien des variétés de courges, à commencer par le
gros potiron, qui atteint quelquefois le poids de 100 livres
et plus pour finir au petit pâtisson gros comme les deux
poings. On cultive peu de courges dans notre canton et on
a tort, car c'est une précieuse ressource pour les hommes
et les animaux. Le gros potiron est mangé très avidement
par les cochons et le bétail. Il vient très bien en plein
champ, et on devrait répandre sa culture qui, Dieu
merci, est facile. Pour ceux qui n'ont que de petits
jardins, il ne faut pas songer à y semer des courges
coureuses, qui vont quelquefois à 8 ou 10 mètres; mais
ils peuvent bien avoir 2 ou 3 pieds de petits pâtissons
variés que l'on mange en bouillie, en friture, etc. Il
suffit, pour le pâtisson, de faire, vers le 15 ou 20 mai, un

trou à la pioche, d'y mettre un peu de fumier le tiers du trou, ensuite de remplir avec la bonne terre et de planter trois graines. Huit ou dix jours après la levée, on ne laisse que le plus beau pied. Si on veut utiliser ceux que l'on arrache, on peut les repiquer. Il faut ensuite arroser abondamment au pied avec le goulot de l'arrosoir, sarcler et biner. Du soleil à la tête et de l'eau au pied.

CONCOMBRES, CORNICHONS.

Voilà un légume que peu d'entre vous cultivent; il faut pourtant bien que je vous en parle, car ceux qui ont de grands jardins sont bien aises d'avoir des cornichons à conserver dans du vinaigre.

Je ne vous parlerai pas d'une culture sous cloche et sous châssis, puisque vous n'en avez pas, mais de la culture en pleine terre, la seule dont je vous parle dans ce petit livre.

Faites un trou de 30 à 40 centimètres de profondeur et de 60 à 80 centimètres en diagonale, mettez-y du fumier, couvrez de terre légère et de compost, mettez en place trois ou quatre grains pour ne laisser qu'un seul pied; huit jours après la levée, arrosez souvent, et pour cela, réservez un petit bassin autour du pied.

Quand la tige a trois feuilles, on la pince; il en sortira trois nouvelles tiges que l'on peut laisser courir sur terre et sur lesquelles on cueille tous les jours les cornichons que l'on veut confire, en les jetant tout simplement dans du vinaigre.

Les concombres prennent ainsi beaucoup d'espace que

3

l'on peut réduire en les ramant avec de très fortes rames à pois; ils viennent très bien ainsi et donnent peut-être plus abondamment. On doit les arroser souvent et beaucoup.

En Alsace, on laisse venir le cornichon à maturité, non seulement pour avoir la graine, mais pour le manger à l'état de concombre cru. Pour ceux qui l'aiment, c'est un vrai régal; on l'épluche bien, on le coupe en petites tranches très minces et on l'assaisonne avec des fines herbes, cerfeuil et oseille, un peu d'huile et beaucoup de vinaigre. On en mange aussi cuit avec de la viande ou à la sauce blanche; mais c'est un mets très peu connu dans nos pays.

ÉPINARDS.

Voici un légume dont il vous faut semer une ou deux planches, aux mois d'août et de septembre, pour passer l'hiver et vous servir au printemps, pour faire la potée avec les pommes de terre, les choux verts, l'oseille, le pissenlit et l'oseille-épinards.

Autrefois on ne connaissait qu'une espèce d'épinards à feuilles étroites; on en a aujourd'hui des variétés à larges feuilles bien plus avantageuses et tout aussi rustiques.

On sème bien des épinards en été; mais à ceux qui n'ont qu'un tout petit jardin, je ne conseille pas d'en semer, parce qu'ils montent trop vite à graines, tandis que je leur recommanderai d'en semer le plus qu'ils pourront pour passer l'hiver et servir au printemps.

On sème les épinards en lignes espacées de 15 à

20 centimètres; il faut arroser souvent pour faire lever vite et dru, comme pour toutes les plantes, sarcler et biner entre les lignes.

HARICOTS.

Vous connaissez bien les haricots; c'est une bien grande ressource pour manger en vert, du mois de juillet au mois de novembre, et en sec pendant toute l'année.

Il y a des haricots mange-tout, c'est-à-dire dont on mange la cosse en vert, et d'autres dont on ne peut manger que les grains, même quand ils sont verts. De ceux dont on mange la cosse en vert, il faut en faire provision; on peut les manger frais pendant l'hiver en les conservant de deux façons, soit en les salant dans de grands pots de grès, soit en les faisant sécher au four après les avoir passés à l'eau bouillante.

Les haricots mange-tout viennent facilement dans les champs; pour les variétés naines, on est sûr de les récolter, puisqu'on n'a pas besoin d'attendre leur maturité. Donc réservez un bout de champ aussi grand que possible, et semez-y des haricots mange-tout nains ou à demi nains. Vous pouvez bien semer aussi en plein champ des haricots à récolter en grains; mais vous courez la chance de les voir atteints quelquefois par les premières gelées d'octobre avant leur maturité; si cela vous arrive, arrachez-les, mettez-les en petites bottes et pendez-les la tête en bas dans un endroit abrité et bien aéré, sous un hallier, sous un hangar, au grenier; ils achèvent ainsi très bien leur maturité; tout au plus aurez-vous quelques

grains tachés que vous rejetterez quand vous voudrez les
mettre au pot.

Il y a des haricots nains à demi-rames, à rames et enfin
à très grandes rames. Je vous dirai tout à l'heure les noms
des espèces réputées les meilleures.. Vous. en connaissez
sans doute une grande partie; mais il y en a cependant
que vous pouvez ignorer et qu'il est bon de vous faire
connaître.

Commençons par les haricots nains *mange-tout*.

Le *noir-nain* précocé (c'est le premier de tous pour la
précocité dans notre pays).

Le *sabre-nain*.

Le *solitaire*, dont il ne faut que deux grains par pieds
espacés de 80 centimètres.

Les *flageolets* à grains rouges, très belle espèce.

Id.　　à grains verts.

Le *coco-gris*.,

Le *coco-rouge*.

Le haricot *impérial*, qui n'est guère connu que dans
le Châtillonnais sous ce nom, et qui est une des meilleures
espèces.

Le *cent-pour-un*, petit haricot à grains jaunes que
l'on peut semer très tard pour le manger en vert.

Presque tous ces haricots ont besoin de petites rames
quand ils sont dans un bon terrain.

Parmi les haricots à rames, le meilleur sans contredit,
est le Soissons; mais ce n'est pas souvent qu'il mûrit ses
grains, et cependant c'est en grains secs qu'il est le
meilleur. Il lui faut de très grandes rames.

Vous connaissez bien les haricots d'Espagne, à fleurs
blanches, rouges et blanches et rouges. On les plante

comme òrnement dans les jardins; mais on a grand tort de ne pas les consommer en grains verts ou secs; la cosse n'est pas mangeable; mais les grains sont très gros et très farineux, les blancs surtout; les autres, plus ou moins colorés, sont excellents en purée. Au mois d'août et de septembre, quand les grains sont bien formés, mais encore verts, on les écosse et on les saute dans la poêle; ils sont tout simplement délicieux. Essayez-en avec du lard, vous m'en direz des nouvelles. Il faut à ces haricots des rames énormes, presque des perches à houblon; mais aussi ils donnent abondamment. Ne les mettez pas en planches, mettez-en un pied par ci, un pied par là, ou sur une seule ligne; c'est ainsi que vous obtiendrez le plus de produit.

Il y a encore des haricots de toute première qualité, auxquels il faut des rames de très grande hauteur; c'est le haricot *sabre-noir*, il a des gousses énormes, ayant quelquefois 25 à 30 centimètres de longueur; l'enveloppe est excellente, tendre et sans fils, on la mange même, lorsqu'elle est déjà jaune, à la fin d'octobre; c'est à mon avis, avec le haricot *paradis*, une des meilleures espèces de haricots à rames. Ne mettez pas plus de deux lignes par planche et espacez les pieds de 60 centimètres, même plus.

En général, on sème les haricots beaucoup trop serrés; on croit récolter plus sur un espace donné, et c'est le contraire qui arrive. Espacez-les davantage, ne mettez jamais deux planches de haricots à rames à côté l'une de l'autre, séparez-les par une planche de haricots nains ou d'autres légumes, vous vous en trouverez bien; ne les espacez cependant pas trop, car il est

bon que le sol soit couvert par le plant pour éviter la
sécheresse.

On doit biner les haricots nains et à rames de bonne
heure; un coup de binette est bien payé, il faut surtout le donner profond pour les haricots à rames et
planter les rames de bonne heure.

Le haricot n'est pas difficile sur le terrain, il résiste
bien à la sécheresse; mais cependant si les chaleurs sont
vives et persistantes, il sera bon, si on le peut, d'arroser.

Les haricots craignent beaucoup la gelée, on ne peut
donc les semer de bonne heure. Un vieux dicton du
pays porte qu'on ne doit pas les planter avant le len-
demain de la Saint-Phal, qui est le 15 mai. C'est
prudent d'agir ainsi, à moins qu'on ne puisse disposer
de quelques moyens de couverture pour les préserver de
la gelée. Ce que l'on peut faire, si on tient à avoir des
haricots de bonne heure, est simple : placez deux petites
planches de bois blanc clouées ensemble et mises sur les
haricots en forme de V renversé ∧ , ou bien en
employant trois planches et en formant une espèce de
chanlatte carrée placée ainsi : ⊓

Il y a tant et tant de variétés de haricots qu'il faudrait
un volume pour les décrire toutes (le catalogue de la
maison Vilmorin, en 1875, en porte plus de 80 espèces).
Je vous ai indiqué les bonnes espèces que je connais et
que j'ai pu apprécier; vous en connaissez sans doute
aussi de très bonnes variétés. Que chacun les fasse
connaître et tout le monde s'en trouvera bien.

LAITUES.

Voici encore un légume dont les variétés sont infinies; sur un catalogue, j'ai compté 65 espèces; vous dire quelles sont les bonnes serait difficile. Je me bornerai à vous dire de semer avant l'hiver la laitue de la Passion, la laitue grise, la romaine rouge d'hiver. Semez-la dans un endroit abrité, aux mois de septembre et octobre; on la repique en mars et avril, on peut même la repiquer avant l'hiver en la couvrant légèrement de feuilles sèches.

Pour la laitue de printemps et d'été, semez-en très peu à la fois et souvent pour la consommer avant qu'elle monte.

Il y a des laitues monstrueuses, comme la laitue *bossin*, la laitue choū de Naples; mais, à mon avis, elles sont moins bonnes, moins délicates que les autres, je préfère à toutes, les variétés suivantes :

La laitue à bords rouges printanière.
La brune.
La romaine verte.
Le chicon pomme en terre.
La romaine panachée.

Partout où on le peut, on doit mettre la laitue en la contreplantant avec tous les légumes qui s'arrangent de la contreplantation.

Lorsque la laitue est montée, donnez-la aux volailles, aux cochons et même aux vaches; aucun de ces animaux n'en laissera, je vous assure.

LENTILLES.

On cultive peu de lentilles dans les jardins, on les cultive plutôt dans les champs, dans une terre légère et bien ameublie. C'est un très bon légume, connu de toute antiquité, et bien apprécié, dès ce temps, par quelques gourmands ; car vous vous rappelez bien qu'Esaü a vendu son droit d'aînesse pour un plat de lentilles. Dans le jardin, on peut semer les lentilles en lignes de 20 à 25 centimètres de distance, au mois d'août, en ayant soin de cendrer un peu le terrain et d'y donner un ou deux binages ; la récolte en vaudra mieux, les lentilles seront plus tendres, et le fourrage que tous les animaux mangent avec grand plaisir sera plus abondant.

En plein champ, les lentilles se sèment à la volée ; cependant ceux qui ont un semoir font bien de s'en servir.

La lentille est d'un bon produit, et c'est à tort que sa culture est si restreinte.

MACHE OU DOUCETTE.

C'est une salade que vous allez récolter au printemps dans les champs où elle se sème toute seule ; on peut en avoir abondamment dans son jardin pendant tout l'hiver, en jetant de la graine d'ici de là à travers tous les légumes, depuis le mois d'août jusqu'au mois de septembre ; la graine est très facile à récolter, ne la ménagez donc pas. Ce sera une ressource pour vous souvent dès le mois de janvier, et vous n'aurez plus besoin d'aller la chercher dans les champs quand vous l'aurez sous la main.

NAVETS OU RAVES.

Nous ne cultivons guère les navets qu'en plein champ; nous devrions cependant leur réserver un petit coin dans le jardin pour en avoir de précoces. Si vous voulez voir réussir vos raves, semez-les très clair, après avoir mis un peu de compost sur votre terrain; enterrez la graine légèrement avec le râteau, tassez-la ensuite avec la planchette pour remplacer le rouleau dont on se sert en grande culture; arrosez beaucoup et souvent, d'abord pour faire lever, et ensuite pour éloigner les altises ou puces de terre qui, quelquefois en vingt-quatre heures, vous dévorent toutes vos raves déjà bien levées. C'est seulement lorsqu'elles ont quatre feuilles que les raves ne craignent pas les altises.

PANAIS.

Bien des gens adorent les panais, d'autres les détestent. Je suis de ceux qui les adorent; je vous conseillerai donc d'en semer de bonne heure dans une terre bien préparée, bien ameublie, car rien n'est bon comme de jeunes panais avec des pois mange-tout dans une potée au lard.

Semez les panais en lignes ou à la volée; en ligne, il est plus facile de sarcler et de biner; enterrez la graine au râteau; puis avec les pieds comme pour les carottes; grattez ensuite la terre avec le râteau pour détruire la croûte; arrosez en semant et arrosez souvent, car le panais lève assez difficilement et très lentement.

Le panais est un bon légume pour les hommes, il est aussi excellent pour les animaux, les chevaux les mangent

aussi bien que les carottes, les bœufs s'engraissent
rapidement avec le panais, et on devrait le cultiver
davantage en plein champ, s'il n'était pas si difficile à
faire lever, et surtout s'il n'était pas si difficile à
arracher. Il a ce grand avantage qu'il ne gèle pas, qu'on
n'a pas besoin de le rentrer, et qu'on peut, pendant
l'hiver, aller chercher sa provision au fur et à mesure des
besoins, comme on fait pour les topinambours: c'est bien
une chose à considérer.

Autrefois on ne cultivait que le panais long, demandant
un terrain très profond; aujourd'hui on cultive le panais
rond, qui est moins exigeant, mais qui, à mon avis, est
inférieur comme qualité.

Pour la grande culture, on vante beaucoup le panais
de Bretagne. Je ne le connais pas ; mais, d'après ce
qu'on en dit, d'après les efforts que fait la Société d'accli-
matation pour le propager, il sera bon d'en essayer au
moins sur une petite échelle.

PISSENLITS.

Pourquoi, me direz-vous, allez-vous nous parler de la
culture des pissenlits? Nous les trouvons bien, lorsque
nous en voulons, dans les prés, dans les champs, et
surtout de tout blancs, bien entendu, dans les sainfoins
et les luzernes retournés. Je sais bien cela ; mais je veux
vous parler du pissenlit, d'abord pour apprendre à ceux
qui ne le savent pas, que le pissenlit des prés et des
champs est excellent à manger dans la potée au lard
avec des pommes de terre, des épinards, de l'oseille et
même tout seul, quand on n'a pas autre chose (je parle

souvent de la potée au lard, c'est qu'à mon avis, c'est un des meilleurs mets que l'on puisse trouver; quand je n'ai pas mangé la potée au lard à mon déjeuner, il me semble que je n'ai pas bien déjeuné), et ensuite pour vous dire que, depuis quelques années, on a créé des variétés de pissenlits à feuilles larges, abondantes, poussant comme de la salade romaine, bonnes à couper en vert plusieurs fois pendant l'été, bonnes surtout à faire blanchir pendant l'hiver. J'en ai dans ce moment-ci que je vais faire repiquer qui ont des feuilles de 25 centimètres de longueur et de 5 à 6 centimètres de largeur.

Quand on veut avoir des pissenlits bien blancs et bien tendres à manger pendant l'hiver, voici comment on doit s'y prendre : Dans un jardin, ou même dans un champ de terre ordinaire, mais un peu profonde, on ouvre à la houe ou à la bêche une tranchée de 10 à 15 centimètres de largeur sur 8 ou 10 centimètres de profondeur; on rejette la terre sur les deux côtés; à 40 centimètres de la première, on en fait une seconde, et l'on continue suivant ce que l'on veut planter, puis on donne un bon coup de bêche au fond des tranchées; on prend des pissenlits que l'on a semés six semaines ou deux mois avant, on leur coupe le bout de la racine et des feuilles, ne laissant que 10 centimètres de longueur de feuilles; on les repique au fond de la tranchée à 10 centimètres l'un de l'autre, on arrose un peu pour hâter la reprise. Au bout de quinze jours, les feuilles sont souvent très grandes, trop grandes; on les coupe de nouveau aussi souvent qu'il le faut jusqu'aux premières gelées, c'est-à-dire vers le mois de novembre. A cette époque, après avoir rassemblé les feuilles, on fait tomber dans le fond de la tranchée de la terre de l'ados qui a été formé lorsqu'on a creusé la tranchée ; on rogne un peu l'extrémité des feuilles, et on amasse de la terre assez pour les couvrir de 5 à 6 centimètres.

Le pissenlit ainsi conservé, pousse tout l'hiver ; aussitôt que les feuilles dépassent la terre, vous les recouvrez et vous finissez peu à peu par avoir des ados où vous aviez des tranchées et des tranchées où vous aviez des ados. Lorsqu'arrive le mois de janvier, au moment où la chicorée et la scarole sont consommées, où on a encore peu de mâche (doucette), on peut aller prendre des pissenlits. Un ou deux pieds vous suffiront pour une bonne salade, car ils ont souvent 40 à 50 centimètres de long si vous avez fait vos tranchées profondes ; et au pied ils ont quelquefois 10 centimètres de circonférence. Ils sont blancs et tendres, meilleurs encore que ceux que nous cherchons à grand'peine dans les taupinières, dans les sainfoins et les luzernes retournés. Que ceux qui ont un peu de place dans leur jardin n'oublient pas la culture des pissenlits ; s'ils ne les consomment pas eux-mêmes, ils trouveront bien à les vendre bel et bien au marché de Recey.

On peut semer des pissenlits pour cette culture depuis le mois d'avril au mois de juillet.

POIRÉE A CARDES.

C'est ce légume que vous appelez de la *Joute* ou de la *Bette*. Cultivez-en un peu ; mettez-en seulement quelques pieds dans votre jardin ; vous mangerez les côtes avec un peu de lait ; les feuilles entières se mangent dans la potée au lard, quand on n'a rien de mieux à y mettre. On a aujourd'hui des variétés de poirées à cardes qui deviennent très grosses; il y en a des jaunes et des rouges; mais, à mon avis, elles ne valent pas l'ancienne variété blanche.

POIS.

Il y a deux espèces de pois bien distinctes : le pois mange-tout, c'est-à-dire dont la cosse se mange comme les grains, et le pois à écosser, dont le grain seul est bon à consommer en vert ou en sec.

Le pois mange-tout dans la potée, avec de jeunes panais et de jeunes carottes, est un mets délicieux; vous le connaissez bien tous, car c'est presque la seule espèce que vous semiez dans vos jardins.

Le pois à écosser est très bon aussi en sec, il devient une grande ressource pendant l'hiver. Malheureusement nos pois à écosser sont souvent piqués d'une mouche qui y dépose ses œufs. Sa larve pénètre dans le pois, s'y fait un logement et y devient elle-même une petite mouche. Si la mouche en part, le pois est un peu percé, et c'est un petit inconvénient; mais si la mouche n'est pas encore sortie, il n'est pas agréable de voir des mouches dans la purée de pois, qui est cependant un excellent mets, surtout avec une oreille de cochon.

Il y a deux variétés de pois mange-tout : celles à fleurs blanches et celles à fleurs violettes. Cette dernière est bien plus grande, bien plus tendre, et, à mon avis, elle est préférable. Certaines personnes la repoussent, parce que cette espèce rend le bouillon de la potée un peu coloré, mais il n'en est pas moins bon.

La variété à fleurs violettes est bien plus productive, mais aussi il lui faut des rames très élevées. A propos de rames, en 1872, en faisant la visite des jardins des instituteurs auxquels le Conseil général avait fait distribuer des graines, je fus tout surpris de voir dans le jardin de l'instituteur d'Essarois, une planche de pois ramés tout autrement que nous le faisons. J'en fus frappé, parce que cette méthode me semble meilleure que la méthode suivie ordinairement. Je demandai à l'instituteur qui lui avait indiqué cette excellente manière; il me répondit qu'il la tenait de son prédécesseur, qui l'avait lui-même trouvée dans un livre dont il ne put me dire le nom. Depuis, j'en ai trouvé la description dans l'ouvrage de M. Gressent, le *Potager moderne.* Voici cette méthode :

Lorsque vous semez des pois à rames, car il y en a aussi des nains, dont je vous parlerai plus tard, vous mettez des pois en poquets sur deux ou quatre lignes dans la planche, et, pour les soutenir, vous mettez des rames avec toutes leurs ramilles; or il arrive que les lignes du milieu n'ayant pas d'air, poussent de hauteur et ne fleurissent presque pas, tandis que tout autour de la planche, vous avez beaucoup de fleurs et des pois. Si vous mettez plusieurs planches de pois l'une près de l'autre, celles du milieu manquent d'air et vous donnent aussi moins de fruits. M. Gressent, qui a bien observé, a vu ces inconvénients, et voici comment il y a remédié très bien par sa méthode : Au lieu de planter des pois en poquets sur deux ou quatre lignes dans la planche, il ouvre au milieu de la planche avec une pioche ou une houe, une rigole de 15 centimètres de largeur, et y sème les pois sur toute la largeur et très épais.

Il recouvre la graine avec un râteau en brisant bien les mottes et couvrant de cendres la partie semée de 1 centimètre d'épaisseur, sur les bords de 5.

(Les cendres sont l'engrais par excellence pour les pois ; mais cependant il faut se rappeler que, même en fumant beaucoup, même en cendrant beaucoup, il ne faut jamais planter des pois deux fois de suite dans la même place. Vous savez cela presque tous ; mais il est cependant bon de le dire pour que les enfants ou ceux qui n'ont pas d'expérience le sachent.)

Voici comment M. Gressent continue ses instructions : Lorsque les pois sont bien levés, c'est-à-dire quand ils ont 3 à 4 centimètres de hauteur, on donne un binage énergique par lequel on amalgame avec la terre la cendre restée à la surface ; quand les pois ont 12 à 15 centimètres de haut, on donne un second binage et l'on rame. Il est très urgent de ramer à temps, et, je le répète, il ne faut pas que les pois aient plus de 15 centimètres de haut, ou la récolte peut être sensiblement diminuée.

On prend pour ramer les pois, non pas des branches tortueuses et ramifiées, mais des baguettes bien droites et sans ramifications. On met deux lignes de rames à chaque ligne de pois, une de chaque côté, et l'on enfonce ainsi les rames en terre : une ligne de baguettes à la distance de 25 centimètres, enfoncées solidement dans le sol, inclinées du même côté. On place ensuite un second rang de baguettes enfoncées en sens inverse du premier et que l'on entrelace avec le premier rang pour donner plus de solidité. Les rames ainsi posées forment un treillage très solide à losanges réguliers. On construit deux lignes de treillage par ligne de pois, une de chaque côté, en laissant un écartement de 25 à 28 centimètres entre les deux lignes, pour que les pois le remplissent facilement et s'accrochent de chaque côté.

La ligne de pois se trouve emprisonnée entre deux treillages; les vrilles s'accrochent aux rames de chaque côté, et lorsque les pois sont grands, ils font une haie aussi droite et aussi solide qu'une haie d'épines bien fournie et soigneusement tendue. En outre toutes les cosses sont en dehors de chaque côté, et la cueillette se fait avec autant de facilité que de promptitude.

Il faut établir ces grillages de rames aux hauteurs suivantes : 1 mètre pour le *Michaud* de Hollande; 1^{m}20 pour le *Rival* d'Essex et les autres variété. Toutes les baguettes doivent être enfoncées de manière à être à la même hauteur et à former un treillage régulier. Ce mode de ramer les pois demande plus de bois et aussi plus de temps que celui qu'on emploie communément : cela est incontestable; mais le bois et la main-d'œuvre dussent-ils coûter cinq fois ce qu'ils valent, le propriétaire aura encore un immense bénéfice à faire ramer comme nous l'indiquons.

On ramera bien des lignes de pois avec dix ou douze bottes de bois et une ou deux journées de femme; la dépense est presque nulle; le jardin sera beaucoup plus régulier, et l'on obtiendra les avantages suivants : 1° Une récolte au moins vingt fois supérieure à celle des pois semés en poquets ou en lignes trop serrées et mal ramées. Cela se comprend facilement : nos lignes espacées et aérées de chaque côté sont d'une fertilité remarquable, tandis que les cosses ne peuvent pas se former dans l'ombre au milieu du fouillis que l'on voit trop souvent dans les jardins ; 2º une économie de temps énorme pour cueillir les pois ; toutes les cosses pendent de chaque côté à l'extérieur, il n'y a pas à les chercher, mais à les cueillir. On aura plus vite cueilli un grand panier de pois sur nos lignes qu'une poignée dans les semis à poquets, et encore en cueillant cette poignée cassera-t-on une grande quantité de tiges. Le temps économisé pour cueillir dépasse de beaucoup celui employé pour ramer ; 3º précocité de plus de quinze jours dans la récolte : cette précocité est due à la lumière, qui est l'agent le plus puissant de la fructification. La précocité est toujours plus profitable si on vend la récolte ou si même on la consomme, car elle permet de faire une récolte de plus dans l'année, tout en se donnant la satisfaction de la primauté (1).

Je conseille la culture du pois que j'indique à l'exclusion de toute autre, autant pour le propriétaire que pour le spéculateur, tant le rendement est supérieur à celui qu'on a obtenu par les autres modes de culture. Il est, du reste, facile de s'en convaincre en faisant un essai comparatif. Que le propriétaire qui fait semer en poquets et consacre deux ares à cette culture la continue sur un are, cultive l'autre comme je l'indique, et qu'il veuille bien tenir compte du temps dépensé dans chacune des cultures et de leur rendement. C'est le meilleur moyen de couper court à toutes les objections, et de renverser les habitudes vicieuses au profit d'une culture féconde en résultats.

---

(1) On peut remplacer (et M. Gressent l'a reconnu dans une nouvelle édition de son *Potager moderne*) le treillage à baguettes en losange par de simples rames de pois bien garnies de brindilles et placées de chaque côté de la ligne des pois.

. Lorsque les pois ont cinq ou six étages de fleurs formées, on les pince, c'est-à-dire qu'on supprime l'extrémité de la tige principale. Cette opération a une grande importance : elle hâte beaucoup la récolte et favorise considérablement le développement des fruits en concentrant sur eux toute l'action de la sève. On ne perd rien en pinçant, au contraire : on enlève bien quelques fleurs à l'extrémité de la tige; mais ces fleurs qui n'eussent produit que quelques mauvaises cosses renfermant deux ou trois grains, auraient retardé de plusieurs jours la maturation des cosses du pois et auraient nui à leur développement.

Une fois le pincement fait, il n'y a plus qu'un binage à donner de temps à autre pour détruire l'herbe qui pousse entre les lignes, et cueillir au fur et à mesure que les pois mûrissent.

Quand on adopte cette méthode, il faut laisser entre chaque ligne de pois ainsi traitée, au moins 1ᵐ20 ou 1ᵐ30, et on se sert de ces intervalles pour la culture d'autres légumes, qui profitent de l'ombre donnée par les pois sans en être gênés. Les pois à écosser doivent se traiter de la même manière.

Cette année, je n'avais pas assez de rames droites pour suivre la méthode de M. Gressent; tout en semant comme il l'indique, j'ai pris des rames à pois ordinaires soutenues au milieu de la planche par une rame droite placée horizontalement et attachée de distance en distance par quelques brins d'osier; mais cela ne vaut pas à beaucoup près le treillage en losanges de M. Gressent.

Il y a plusieurs variétés de pois à écosser; les meilleures variétés sont, pour le printemps, le pois

Michaud, pour l'été, le pois *ridé,* et pour l'arrière-saison, le pois de *Clamart.*

Je vous ai dit qu'il y avait aussi des pois nains, très nains, qui ne dépassent pas quelquefois une hauteur de 15 ou 20 centimètres, tout en donnant beaucoup de produit; mais ce n'est pas trop un légume à cultiver dans un petit jardin où la place manque. Les pois nains se placent contre un mur en bordure. Si on veut en cultiver pour en vendre, comme ils sont très précoces, on peut le faire avec la certitude de les vendre très avantageusement.

On cultive aussi les pois en plein champ. Il y en a de deux variétés : une bonne à manger, l'autre qu'on ne sème que pour fourrage. On les sème à la volée; mais si on avait un semoir, on ferait mieux de s'en servir.

Les pois en plein champ se cultivent avec beaucoup de succès dans les environs de Paris; mais ni notre sol ni notre climat ne peuvent nous permettre d'essayer de cette culture.

Il y a un an, un ancien instituteur, retiré à Leuglay, m'a indiqué une méthode qui me paraît excellente pour la culture des pois, et que j'ai eu le tort d'oublier cette année, mais que je ferai bien certainement essayer l'an prochain. Voici en quoi consiste cette méthode :

A l'aide de quelques mauvaises planches, faites une caisse profonde d'environ 12 à 15 centimètres, remplissez-la de terre aux trois quarts; mettez sur cette terre la quantité de pois pour semer le terrain préparé (une caisse de 50 centimètres sur 30 suffit pour en faire germer un litre); recouvrez-les d'une couche de terre de 2 centimètres seulement; arrosez de temps en temps pour hâter la germination. Lorsqu'ils ont atteint une hauteur de 5 à 6 centimètres, enlevez une planche de la caisse pour ne pas rompre les racines en les arrachant et procédez à la plantation comme à l'ordinaire.

Des pois ainsi semés donnent une avance considérable, surtout si on a soin de les pincer lorsqu'il y a déjà quatre étages de fleurs. M. Gressent, qui parle de cette méthode, mais en semant les pois sur couche et sous châssis, dit qu'en semant des pois à la Sainte-Catherine, dans une plate-bande bien abritée, on a aussi une avance considérable.

POMMES DE TERRE.

Les pommes de terre se cultivent en plein champ; néanmoins il est bon d'avoir dans son jardin quelques plants de pommes de terre précoces. La meilleure variété, après la *Marjolin*, dont les tubercules sont bien petits, est la pomme de terre *Caillaud*, connue dans ce pays depuis longtemps. Si vous cultivez la *Marjolin*, lorsque vous voudrez avoir des pommes de terre, n'arrachez pas le plant, cherchez avec vos doigts dans la terre les tubercules assez gros et reformez la butte. Les pommes de terre continueront de végéter et vous pourrez en prendre ainsi pendant plus d'un mois.

Je cultive dans ce moment pour essai une pomme de terre américaine dite *Eurly-rose,* qui semble aussi précoce que la *Marjolin*, et qui, comme elle, replantée en juillet, donne en octobre une seconde récolte de tubercules beaucoup plus gros.

Je n'avais que huit de ces tubercules en 1874, j'en ai

eu assez pour en faire un essai complet en 1875; si cette variété réussit bien, je ferai en sorte de la propager, à cause de sa précocité. Je viens d'en faire (année 1875) une récolte splendide.

OSEILLE - ÉPINARDS.

C'est une espèce de grande *Patience*, plus grande que celle qui vient dans les champs: elle pousse de très bonne heure; dès le mois de février, on peut cueillir les premières feuilles que l'on met dans la potée au lard avec des pommes de terre, des épinards, de l'oseille si on en a, et que l'on consomme même seule tant que les feuilles ne sont pas trop dures. Sa culture est bien simple et n'exige pas de bons terrains. Vous pouvez la mettre au nord, c'est une exposition qui lui convient pour l'empêcher de pousser trop vite. On la multiplie de grains ou par éclats comme l'oseille. On la cultive en lignes. Si l'on sème, il faut semer de bonne heure au printemps; si on plante des éclats, on peut le faire tout l'été. Il faut les espacer à 15 ou 20 centimètres.

L'oseille-épinards peut donner cinq ou six coupes par an; on la fait consommer pendant l'été par les lapins et les porcs.

Réservez-lui une petite place dans votre jardin, vous vous en applaudirez. L'oseille-épinards est un peu connue, mais pas assez dans notre canton; elle mérite cependant d'être plus répandue.

RADIS ET PETITES RAVES.

Vous n'en mangez pas souvent, et cependant si vous en aviez dans votre jardin, vous en mangeriez avec plaisir à votre goûter avec du sel et du pain. Vous pouvez vous permettre cette culture, qui n'est pas du luxe. Réservez pour cela une moitié d'une plate-bande bien exposée au midi; ameublissez bien la terre, mêlez-y du compost bien fin, bien divisé et semez à la volée; enterrez la graine au râteau très légèrement et arrosez très copieusement et souvent; vous aurez ainsi des petites raves aussi bonnes, mais un peu plus piquantes que celles que vous achetez quelquefois près des cossonniers. Pendant l'été, il vaut mieux semer la variété grise ou jaune; elle ne durcit pas et ne monte pas aussi vite que le radis rose.

RADIS NOIR D'HIVER.

Celui-ci, qui devient quelquefois plus gros qu'une demi-bouteille, est peu connu dans vos petits jardins; malgré sa saveur très piquante, on le consomme cependant avec plaisir en l'assaisonnant avec du sel et du poivre auxquels on ajoute du vinaigre, ce qui le rend beaucoup plus doux.

Le radis noir peut se semer depuis le mois d'avril jusqu'au mois d'août; il se consomme depuis juillet jusqu'en hiver, et on peut le conserver tout l'hiver en l'enterrant assez profondément pour le mettre à l'abri de la gelée.

Le radis noir aime une bonne terre franche, un peu amendée et bien préparée. Lorsque votre terre a été bien passée au râteau, tracez-y de petites lignes à 10 centimètres les unes des autres en long et en large, et à l'intersection de chaque ligne mettez un grain que vous enfoncez légèrement avec le doigt ; arrosez, arrosez souvent, sans cela, les altises, puces de terre, vous mangeraient toutes les feuilles, comme elles font pour les feuilles de raves ou de navets.

MELONS

Nous voici, arrivés à la fin ; il ne me reste plus à vous parler que des melons. Je sais bien que c'est un mets de luxe que vous ne vous permettez pas, et que, cependant, vous ne seriez pas fâchés de manger quelquefois s'il ne vous coûtait que quelques soins.

Eh bien ! je trouve dans les *Instructions aux instituteurs* de M. Joigneaux, un paragraphe que je vais vous copier, car je ne pourrais rien vous dire de mieux :

Melons ananas à chair rouge. — Dans la seconde quinzaine d'avril ou en mai, ouvrir des trous de 30 à 40 centimètres de largeur sur 20 à 25 de profondeur, à 1 mètre de distance les uns des autres. Remplir chaque trou de fumier qu'on foule avec le pied. Recouvrir ce fumier de terre fine sur une épaisseur de deux doigts, y planter deux ou trois graines de melon. Huit jours après la levée, réserver la plus belle plante, jeter ou repiquer les autres, arroser copieusement, laisser les tiges se développer et courir librement ; cueillir les melons dès qu'ils ne grossiront plus, les mettre sept ou huit jours dans la cave et les consommer ensuite. Tous bons. Quand se font les gelées de l'automne, couvrir avec de la paille, ou bien encore enlever la généralité des fruits, même les petits et les laisser mûrir en cave.

On vante beaucoup depuis un an ou deux un melon

que l'on appelle le melon vert à rames; il se cultive, comme le melon ananas, à cette seule différence près qu'on le fait grimper après des rames, soit des rames de pois, soit des rames de haricots placées en losanges, comme M. Gressent le conseille pour les pois.

Vous voyez que la culture du melon n'est pas difficile. Essayez-en, cela ne vous coûtera qu'un peu de soins.

Je ne vous parlerai pas de la culture du gros melon; pour celui-là, il faut du fumier, des couches, des châssis ou au moins des cloches. Si vous n'en avez pas, je vais cependant vous indiquer un moyen de faire à peu de frais quelque chose qui vous remplacera les cloches qui coûtent cher et qui cassent souvent, à moins que le verre incassable de M. de la Bastie ne se propage rapidement.

Donc, pour remplacer des cloches, prenez quatre petites planches de bois blanc très minces (ce que l'on appelle du tavillon). Ces planches devront avoir de 50 à 55 centimètres de long, sur 10 ou 12 centimètres de largeur; assemblez-les avec des pointes de Paris, pour en faire un petit carré ouvert en haut et en bas, collez sur le haut du papier tout ordinaire et huilez-le. Avec ce petit châssis, que chacun de vous peut confectionner, vous remplacerez des cloches et vous pourrez vous en servir pour des légumes que vous voudrez avancer ou préserver du froid.

FRAISES.

Avant de passer au verger, je veux encore vous parler des trois fruits auxquels vous ferez bien de réserver une petite place dans le jardin. Ce sont d'abord les fraisiers, ensuite les framboisiers que vous placez au nord, puis les

groseilliers à fruits rouges et à fruits blancs, les groseilliers
piquants qu'on appelle aussi groseilliers à *maquereaux*, et
enfin les groseilliers à fruits noirs, appelés cassis. Vous ne
serez pas fâchés de manger quelquefois de ces fruits; leur
culture est des plus faciles. Comme dans votre petit jardin
vous n'avez pas beaucoup de place, je ne vous dirai pas
de réserver une planche pour planter des fraises, mais je
vous dirai d'en mettre en bordure partout où vous
pourrez; vous me direz peut-être que vous n'avez pas
besoin de cultiver des fraises, que vous en trouverez au
bois tant que vous en voudrez et des bien meilleures et
bien plus parfumées que celles des jardins; vous avez
bien un peu raison, mais vous n'avez que des fraises de
bois qui, je le reconnais, sont les meilleures de toutes,
que pendant quinze jours ou trois semaines, tandis que
si vous cultivez dans votre jardin des fraises de tous les
mois, vous en aurez de juin en novembre jusqu'aux
gelées, et c'est à l'approche de l'hiver qu'elles donnent
le plus. Il y a bien des variétés de fraises; il y en a
d'énormes qui ont un goût acide : mais leur récolte ne
dure que deux ou trois semaines, et c'est un mets de
luxe que je ne vous conseille pas. Les fraises de tous
mois peuvent vous donner de quoi faire un peu d'argent
en les vendant lorsqu'elles sont rares, si vous ne voulez
pas les consommer.

Voici comment vous devez planter vos fraisiers de tous
mois : Si vous n'en avez pas déjà quelques pieds, il vous
faudra vous en procurer au mois de juillet ou d'août (en
septembre, comme le conseillent quelques jardiniers, il
est un peu tard); faites en sorte, afin d'être sûr d'avoir
des pieds fertiles, car il y a quelquefois des fraisiers qui

4

ne produisent pas, d'avoir des plants porteurs de fleurs
et de fruits.

Préparez bien la terre des plates-bandes où vous devez
les placer comme bordure sur une largeur de 20 ou
25 centimètres; fumez avec votre compost et tracez un
petit sillon de 7 à 8 centimètres de profondeur; vous
planterez vos fraisiers au fond de ce sillon à 20 ou
25 centimètres de distance l'un de l'autre, et vous aurez
soin d'arroser beaucoup. Le sillon empêchera l'eau de se
répandre sur l'allée. Si vous avez soin d'arroser, vous
aurez des fraises en abondance l'année suivante.

Pour avoir de beaux plants de fraises, il vaut mieux
semer que de prendre des coulants; mais cela exige des
soins assez minutieux. Cependant, comme quelques-uns
d'entre vous peuvent vouloir donner du temps à cette
culture, je vais vous dire comment M. Gressent conseille
de faire les semis.

Pour que la graine lève bien, il faut qu'elle soit semée
en terre légère, constamment humide, et que le semis
soit exposé à une grande chaleur, tout en restant
ombragé.

En juin, juillet et même août, pendant les plus grandes
chaleurs, on laboure profondément un bout de planche
de 1 ou 2 mètres. Lorsque la terre a été bien divisée par
le labour, on met sur les places à ensemencer environ
10 centimètres de terreau de couche qu'on amalgame
bien avec la terre au moyen d'un bon hersage avec la
petite fourche crochue. On sème la graine de fraisier très
claire, et encore faut-il la mélanger de moitié de terre; on
jette ensuite quelques graines de radis très éloignées parmi
la graine de fraisier et l'on recouvre le tout de 2 milli-

mètres environ de terreau bien émietté avec les doigts;
on arrose deux, trois et quatre fois par jour s'il le faut;
avec un arrosoir à pomme très fine pour éviter de battre
la terre; le point capital est de la maintenir constamment
humide. Quatre ou cinq jours après, les radis lèvent, leurs
larges feuilles couvrent bientôt le sol, et quelques jours
plus tard, les fraisiers, protégés par l'ombre des feuilles
de radis, lèvent avec la plus grande régularité. Dès que
les fraisiers ont deux feuilles bien formées, on éclaircit
un peu les radis, on les supprime progressivement au fur
et à mesure que les fraisiers prennent de la force, et trois
semaines après, la place semée est couverte de plants de
fraisier de la plus belle venue. Il ne faut jamais cesser
d'arroser, au moins une fois par jour, jusqu'à ce que le
plant soit bon à mettre en pépinière.

FRAMBOISES.

On plante les framboisiers au mois de mars, à 40 centimètres l'un de l'autre au moins; mais la première
année, le plant vous donnera des fruits peu abondants. Si
vous avez eu soin de couper la tige à 1 mètre de hauteur,
il poussera dès cette année un ou plusieurs rejets qui
partiront de la racine et qui vous donneront des fruits
l'année suivante, pour disparaître eux-mêmes l'année
d'après; c'est ce qui fait dire aux jardiniers que jamais
un framboisier n'a connu son grand-père.

Les seuls soins à donner aux framboisiers consistent à
casser ou couper ras terre, au mois de mars ou d'avril au
plus tard, les brins qui ont donné des fruits l'année
précédente, et à couper à 1 mètre de hauteur les rejets

qui doivent donner des fruits l'année courante. Si on veut être soigneux, on peut planter des piquets en ligne, y mettre deux fils de fer après lesquels on palisse en éventail les quatre brins que l'on a laissés pour porter des fruits, et on laisse le milieu pour les rejets de l'année qui seront à leur tour les porte-fruits de l'année suivante.

Il y a une variété de framboisiers qui, au lieu de donner des fruits sur les pousses de l'année précédente, les donne sur les pousses mêmes de l'année, mais seulement aux mois d'août, septembre et octobre. C'est une précieuse ressource que vous pouvez mettre à profit, si vous voulez vendre ces fruits; car à cette époque, ils ont toujours une assez grande valeur à cause de leur rareté. Lorsqu'on ne veut pas fatiguer les framboisiers de cette espèce, que l'on appelle improprement framboisiers remontants, il faut, au printemps, couper ras de terre toutes les pousses de l'année précédente, et, dans le courant de l'été, ne pas laisser plus de cinq à six rejets à chaque pied.

Il est bon d'avoir des framboisiers de l'une et de l'autre espèce.

GROSEILLES.

Les groseilliers à fruits rouges et à fruits blancs sont d'une culture des plus faciles; on peut les multiplier par des pieds enracinés, séparés des pieds-mères, ou par de simples boutures. On les élève en pieds séparés que l'on met en buissons ou en têtes, ou bien on en fait des haies. De l'une ou l'autre façon, un groseillier vient vite, il

donne des fruits dès la seconde année. Comme taille, il
suffit de rogner un peu chaque année l'extrémité des
branches pour ne pas lui laisser prendre trop de développement et lui donner la forme que l'on a choisie.

Groseillier épineux ou à maquereaux. — Celui-ci est
aussi facile à élever que le groseillier à fruits rouges
et blancs; son fruit fait le bonheur des enfants : ayez
donc, dans votre jardin, au moins quelques pieds des uns
et des autres.

On a des variétés de groseilliers épineux produisant des
fruits énormes de différentes couleurs; mais il faut
reconnaître que cette grosseur est obtenue, suivant moi,
au détriment de la qualité qui est bien inférieure à celle
de l'ancienne variété.

Enfin, il y a le groseillier à fruits noirs ou cassis. Ses
fruits et ses feuilles sont employés pour faire la liqueur
de cassis qui se fabrique sur une très grande échelle à
Dijon. Dans les environs de cette ville, et assez loin
même, on a planté de très grands espaces en cassis. Les
petits propriétaires tirent de ces fruits un assez grand
revenu.

Les framboisiers et les groseilliers de diverses espèces
ne craignant point la gelée, ne devrions-nous pas essayer
d'en cultiver en plein champ pour en tirer un bon parti
en les vendant pour les expédier au loin? Les habitants
de Plombières, près de Dijon, retirent de très belles
sommes de leurs plantations de framboisiers. J'ai vu
faire, à la gare, des expéditions considérables de gro-
seilles rouges et blanches. Les cassis sont toujours recherchés par les liquoristes; pourquoi donc ne chercherions-nous pas, comme les habitants de ces localités, les

revenus sérieux, importants même de ces arbustes fruitiers, qui peuvent s'accommoder de notre sol et de notre
climat?

Treilles et Espaliers.

Autour de votre jardin, de votre maison, vous avez des
murs qu'il vous faut utiliser en les garnissant de treilles
et d'espaliers à haute tige, de poiriers et d'abricotiers,
que vous n'aurez pas de peine à diriger après avoir con-
sulté un jardinier. Je ne pourrais pas, à moins de donner
un trop grand développement à ce petit livre, vous indiquer comment on taille et on dirige les poiriers en
espalier.

ABRICOTIERS.

Pour la treille et même pour les abricotiers à haute
tige, je puis cependant vous le dire en peu de mots. Vous
pouvez planter la treille et l'abricotier aux trois exposi-
tions du levant, du midi et du couchant; les deux premières sont toujours les meilleures. A l'exposition du
nord, vous planterez des poiriers donnant des poires à
cuire; ils fleuriront plus tardivement et seront mieux
préservés de la gelée.

Si vous plantez un abricotier, prenez-le greffé à haute
tige sur prunier (je n'ai jamais vu chez moi réussir un
abricotier à basse tige). A 2 mètres au-dessus du sol,
tendez des fils de fer horizontaux à 25 centimètres de
distance les uns des autres, et ayez soin de laisser
1 centimètre au moins de distance entre le mur et le fil
de fer.

Creusez un trou de 2 mètres au carré; remplissez-le de terre mélangée autant que vous le pourrez (les terres rouges, les argiles sablonneuses mélangées sont très bonnes) et placez votre arbre à 10 centimètres du mur; coupez seulement un peu le bout des racines qui pourraient avoir été blessées en l'arrachant; ne taillez point les branches, attachez-les seulement au fil de fer.

Ne taillez jamais votre abricotier, car si vous le taillez, vous faites venir la gomme et vous amenez sa mort en peu de temps; enlevez seulement les branches ou brindilles qui auraient séché; attachez, en les écartant aussi régulièrement que possible, toutes les branches qui poussent.

Vers le mois de novembre ou de décembre, prenez des genièvres ou des branches de sapin; attachez-les avec de l'osier devant et sur les branches de votre abricotier, de manière à lui former une espèce de couverture sous laquelle il pourra fleurir sans craindre la gelée, et que vous ne lui enlèverez qu'à la fin de mai, lorsque les froids ne seront plus à craindre. Suivez ces recommandations et vous aurez tous les ans des abricots. Lorsqu'il y en aura trop, faites-en tomber quelques-uns, les autres en profiteront.

J'ai planté des abricotiers, il y a vingt-cinq ans, dans des trous creusés dans de la roche vive et n'ayant pas plus d'un mètre de profondeur, remplis de terre mêlée prise à droite et à gauche dans les champs. Ces abricotiers sont encore très vigoureux.

A Auberive, dans un pays tout voisin de nous et que j'ai habité longtemps, vous verrez beaucoup de maisons avec de très beaux abricotiers, bien palissés et couverts

4**

en hiver avec des genièvres. C'est là que j'ai appris cette méthode qui date de loin, car elle était suivie par les moines, qui savaient beaucoup en fait de jardinage.

TREILLES.

Pour peu que vous ayez un bout de mur exposé au levant ou au midi et même au couchant, placez-y de la vigne qui couvrira votre mur, si vous le voulez, depuis le bas jusqu'au sommet, quand même il aurait six ou sept mètres de hauteur. Si vous voulez aller aussi haut, munissez-vous de grandes et solides échelles.

Placez des fils de fer, comme je vous l'ai dit pour les abricotiers, horizontalement, à 25 centimètres les uns des autres, en commençant à 30 centimètres au-dessus du sol; puis, après avoir défriché votre terrain sur 1 mètre ou 1 mètre 50 de largeur sur 60 centimètres environ de profondeur, et l'avoir bien bêché et bien fumé, plantez vos boutures de vigne à 50 centimètres les unes des autres, à 10 ou 15 centimètres du mur. Chaque pied devra occuper deux rangs de fil de fer.

Le premier pied s'étendra à droite et à gauche sur le premier fil; le second fil servira à attacher les pousses pendant l'été; le second pied s'étendra à droite et à gauche sur le troisième fil; le quatrième fil servira à attacher les pousses. Suivant la hauteur du mur, vous aurez ainsi deux, trois, quatre, cinq ou six cordons horizontaux.

Pour avoir de beaux et bons plants de vigne, n'achetez pas de plants enracinés. Je vais vous indiquer un moyen d'avoir des fruits au bout de trois ans, en n'employant que des bouts de sarments de 10 à 20 centimètres de long, avec un œil au bas et un œil au-dessus, ou avec trois ou même quatre yeux s'ils sont rapprochés (un seul œil au-dessus suffit même très bien).

Donc, prenez autant de bouts de sarment que vous voulez avoir de plants ; ayez soin de rogner vos sarments de façon à laisser au-dessus de l'œil supérieur un demi-centimètre de bois, et autant au-dessous de l'œil du bas. Votre terre étant bien bêchée, enfoncez verticalement votre bout de sarment assez profondément pour que le dessus puisse être couvert de 2 ou 3 centimètres de terre meuble. Voilà votre plantation faite. Dans l'année, vous aurez des pousses de 0m50 à 1m50 de longueur ; l'année suivante, vous en aurez qui auront bien 3 ou 4 mètres, si vous ne les coupez pas ; vous pourrez même y voir quelques raisins ; mais à la troisième année, votre treille sera en plein rapport ; la deuxième année, quelque longue, quelque belle que soit votre vigne, il faudra la rogner au-dessus du trois ou quatrième œil hors de terre. Il vous poussera deux ou quatre beaux jets ; vous conserverez le plus vigoureux, vous l'attacherez verticalement au fur et à mesure de sa croissance ; quant aux autres, vous les conserverez provisoirement pour cette année en les pinçant au-dessus de la troisième ou de la quatrième feuille.

A la troisième année, vous pourrez former vos cordons en les allongeant chaque année de 60 centimètres au moins. Je puis vous garantir la bonté du procédé, car je l'ai essayé.

Cette méthode a été indiquée par M. Rivière, l'habile jardinier du jardin du Luxembourg, à Paris. Il lui a donné le nom de bouturage souterrain de la vigne.

Quelquefois on ne dispose, pour placer un cep de vigne, que de 60 centimètres de largeur sur un mur ou dans un coin près d'une porte ou d'une fenêtre. Dans ce cas, au lieu d'établir un cordon horizontal, on établit un cordon vertical avec des coursons à droite et à gauche; mais il faut avoir bien soin de pincer les pousses supérieures, afin de ne pas enlever la sève des pousses du bas. Quand vous taillez vos treilles au printemps, taillez à un ou deux yeux au plus, sans cela vous aurez des coursons trop allongés et une treille mal garnie.

Lorsqu'on veut avoir des sarments pour opérer une plantation comme je viens de vous l'indiquer, voici comment on doit procéder :

Au mois de novembre ou de décembre, par un temps doux, on taille la treille. On prend les meilleurs sarments, ceux dont le bois paraît le mieux aoûté; on enlève les vieilles et les petites ramilles qui auraient déjà poussé pendant l'été.

On ouvre dans son jardin, au nord, autant que possible, une fosse de 40 à 50 centimètres de profondeur et ayant en largeur un peu plus que la longueur des sarments. Au fond de la fosse vous mettez un lit de sarments à plat et vous le couvrez de terre, puis un second lit de sarments et un autre lit de terre assez épais.

Au printemps, lorsque vous voudrez planter, vous découvrirez vos sarments qui commenceront à se mettre en végétation, et vous y couperez des boutures de 12 à 20 centimètres de longueur, comme je l'ai indiqué.

On peut, si on le veut, au moment de couper ces boutures, tordre les sarments pour faire éclater un peu l'écorce entre les yeux. Cette torsion, pratiquée convenablement, hâte de beaucoup la sortie des racines (c'est M. Rivière qui le conseille).

Je vous conseille de ne planter en treille que du chasselas blanc. C'est le meilleur et le plus beau des raisins à manger, quoiqu'il ne soit pas assez sucré pour faire du vin. J'en ai beaucoup de treilles d'excellentes qualités. J'offre des sarments à ceux qui voudront mettre à profit mes conseils.

Vergers.

Il y avait autrefois beaucoup de vergers dans notre montagne, et, malgré les gelées auxquelles nous sommes exposés au printemps, on voyait très souvent des arbres chargés de fruits, et surtout de prunes et de pommes. C'est que nos ancêtres savaient que les fruits, dans les années de disette, auxquelles on était soumis assez souvent dans le dernier siècle, étaient une grande ressource pour les petits ménages. C'est qu'aussi ils savaient choisir des espèces qui résistaient bien à la gelée, témoin les pommiers du Val-des-Choux. Quoique le Val-des-Choux ne soit pas de notre canton, il en est si près que beaucoup de vous le connaissent, et tous en ont entendu parler.

Le Val-des-Choux est situé dans la partie la plus froide de la forêt de Châtillon, au fond d'un vallon ouvert au nord; aussi les gelées y durent-elles longtemps, et je n'oserais pas affirmer qu'il n'y gèle pas au mois de juillet.

Eh bien! les moines trappistes qui l'habitaient et qui faisaient eux-mêmes tous leurs ouvrages de culture et de jardinage, y avaient planté des arbres qui ne fleurissaient

qu'à la fin de mai, et dont les fruits se gardaient d'une
année à l'autre et souvent plus.

Aujourd'hui que les gelées printanières viennent souvent nous faire beaucoup de mal, pourquoi ne ferions-
pas comme les moines du Val-des-Choux? pourquoi ne
chercherions-nous pas des espèces tardives avec lesquelles
nos récoltes seraient assurées? pourquoi même n'irions-
nous pas demander à acheter au Val-des-Choux quelques
greffes à prendre sur les vieux arbres qui y existent
encore en très petite quantité, il est vrai?

Chaque maison, dans un village, devrait avoir comme
autrefois un verger qui vous donnerait des fruits, et qui,
sous les arbres fruitiers, vous donnerait de l'herbe pour
vos vaches. Comme je vous le disais en commençant,
autrefois on en voyait beaucoup dans tous nos villages. Je
me rappelle avoir vu, surtout à Saint-Broingt-les-Moines,
des arbres fruitiers en très grand nombre et presque
toujours chargés de fruits. Pourquoi donc ne pas rétablir
ces vergers qui sont d'une si grande utilité? On me
répondra peut-être que là où il y a eu des arbres fruitiers
de nouveaux arbres poussent mal; cela est vrai, j'en ai
fait l'expérience à mes dépens; mais on peut parer à cela
en plantant ailleurs, et nous avons assez de champs où
l'on peut planter pour ne pas être embarrassé de ce côté.

C'est surtout dans les terrains de la terre à foulon,
mais dans la partie supérieure, là où la terre n'est pas
trop argileuse, que les arbres fruitiers viennent bien dans
nos pays. J'ai bien lu dans un petit livre écrit par un
Allemand et qui contient d'assez bonnes choses, quoique
l'auteur soit allemand, un moyen de replanter avec succès
des arbres dans un ancien verger. Je n'ai pas essayé de

la méthode que j'ai lue seulement il y a deux ans; je ne sais donc pas si elle est vraiment bonne : en tous cas, je vous la donne telle que je l'ai trouvée dans ce petit livre intitulé : L'*Art de planter*, par *Manteuffel*.

Il faut d'abord préparer d'avance ce qu'il appelle du terreau, que l'on obtient en mélangeant des gazons avec de la terre, des cendres de gazons, et en attendant que tous les gazons soient bien pourris, ce n'est pas trop de s'y prendre au moins six mois à l'avance. Quand on s'est bien approvisionné, voici comment on doit procéder pour les arbres fruitiers à haute tige : D'abord, on ne fait pas de trou, et si on a un sol gazonné, il faut bien se garder d'enlever le gazon. Après avoir marqué, par de petits piquets, la place des arbres à planter, on enfonce à l'avance un bon tuteur assez profondément pour qu'un ouragan même ne puisse le renverser; on place le sujet contre le tuteur et l'y assujétit de son mieux avec des liens d'osier garnis de mousse et de paille. Les racines du sujet sont étendues sur le sol de toute leur longueur, en ayant bien soin de ne jamais en relever l'extrémité. On couvre les racines avec le terreau préparé à l'avance, mais sans le comprimer, ni avec les mains, ni avec une pelle; on fait ainsi une butte assez élevée pour que l'arbre même, sans tuteur, puisse se maintenir de lui-même. La butte doit former un cône assez allongé pour que l'extrémité même des plus petites racines soit couverte. La butte, ainsi établie, on coupe à la pioche, dans le terrain voisin ou dans un autre terrain, si celui-là n'est pas gazonné, des plaques de gazon en suffisante quantité pour garnir toute la butte, et on applique ces plaques de gazon sur la butte en les faisant joindre aussi

exactement que possible et en les plaçant le gazon en
dessous, afin de le faire pourrir et d'éviter que l'herbe ne
vienne envahir la butte. L'auteur prétend qu'il a réussi
on ne peut mieux avec des arbres fruitiers de toutes
espèces, même âgés de dix à vingt ans, et cela dans
d'anciens vergers.

On peut bien essayer ; la méthode semble bonne, et je
vais prendre des dispositions pour faire quelques plantations à l'automne ou au printemps prochain.

NOYERS.

Il y avait autrefois le long de nos chemins et aux
alentours des fermes isolées de la montagne beaucoup de
noyers ; la récolte, à cause des gelées, était si incertaine,
que presque partout on les a fait arracher. Eh bien ! on a
eu tort ; il fallait les greffer avec le noyer tardif ou noyer
de la Saint-Jean, qui ne pousse jamais avant la fin de mai,
lorsqu'il n'y a plus de gelées à craindre.

Depuis un certain nombre d'années, beaucoup de
propriétaires, dans le Berry, où l'on en voit encore des
plantations considérables sur le bord des routes, ont
adopté cette méthode de greffage et disent s'en trouver
fort bien.

Comme dans notre canton on ne trouverait plus
guère de noyers à greffer, il faut en planter de jeunes ;
mais, pour cela, il ne faut prendre que des espèces
tardives ; et comme nos pépiniéristes de Dijon et autres
villes voisines n'ont pas ces espèces tardives, il faut
s'adresser, pour en avoir, à des pépiniéristes éloignés, de
l'Isère surtout, où ces variétés tardives sont cultivées

depuis longtemps dans les montagnes très élevées et très froides. J'en ai planté l'an dernier et cette année; les premiers plants venaient de chez M. Baltet, de Troyes; les seconds venaient de chez M. Mortillet, de Grenoble. Tous n'ont commencé à montrer leurs premières feuilles qu'au mois de juin. J'espère donc avoir bien véritablement des variétés tardives. Il y a longtemps que j'avais vu, sur la *Maison rustique* (un excellent livre que l'on devrait trouver dans toutes les bibliothèques scolaires) que le noyer de la Saint-Jean était une bonne espèce à cultiver dans les pays froids, et j'avais eu le tort de n'y pas faire attention. Il a fallu la lecture d'un article sur les noyers du Berry pour me rappeler ce que j'avais tout à fait oublié, et il m'a fallu deux ans pour me procurer des plants.

Quoique poussant fort tard, le noyer de la Saint-Jean donne sa récolte en même temps que les autres noyers.

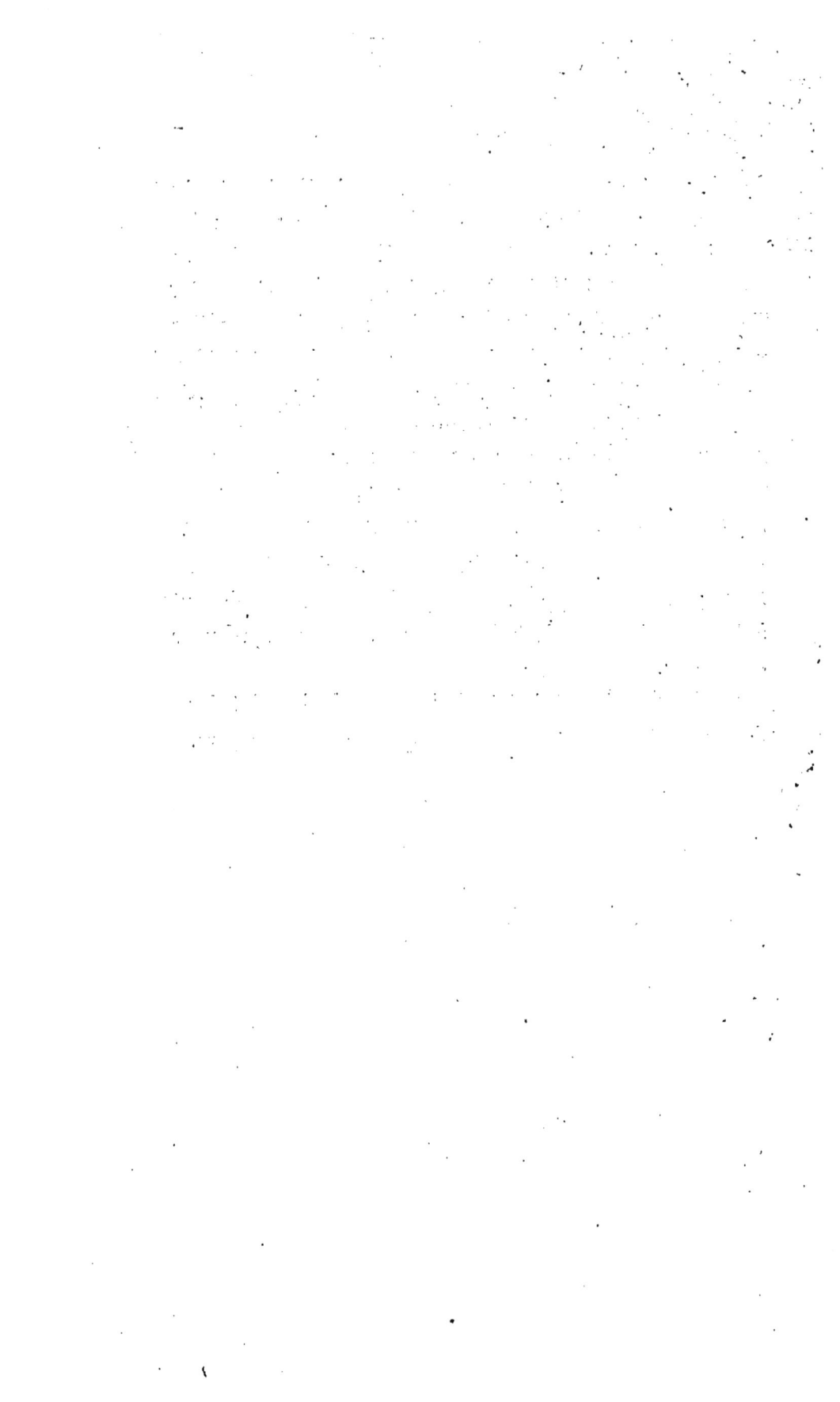

TABLE DES MATIÈRES.

———